学前教育专业新形态系列教材

幼儿心理学

第2版 慕课版

李国祥 夏明娟 ◎主编

王杰 王静文 ◎副主编

人民邮电出版社

北京

图书在版编目（CIP）数据

　幼儿心理学：慕课版 / 李国祥，夏明娟主编. -- 2
版. -- 北京：人民邮电出版社，2023.1(2023.11重印)
　学前教育专业新形态系列教材
　ISBN 978-7-115-59720-5

　Ⅰ. ①幼… Ⅱ. ①李… ②夏… Ⅲ. ①婴幼儿心理学
—幼儿师范学校—教材 Ⅳ. ①B844.12

　中国版本图书馆CIP数据核字(2022)第124780号

内　容　提　要

　　本书在编写过程中坚持以读者为中心，通过详细的文本、案例、视频与图片，从多维度科学、生动地介绍各个年龄段幼儿的心理特征，让读者易于全面把握幼儿的心理年龄特点。本书包括绪论、幼儿心理发展概述、幼儿的注意、幼儿的感觉和知觉、幼儿的记忆、幼儿的想象、幼儿的言语、幼儿的思维、幼儿的情绪和情感、幼儿的意志、幼儿的社会性发展、幼儿个性的发展和关于幼儿心理发展的几种主要理论观点。

　　本书既可作为高等院校学前教育专业的教材，也可供幼儿教师和幼儿家长学习和参考。

◆ 主　　编　李国祥　夏明娟
　　副主编　王　杰　王静文
　　责任编辑　连震月
　　责任印制　王　郁　彭志环

◆ 人民邮电出版社出版发行　　北京市丰台区成寿寺路 11 号
　　邮编　100164　电子邮件　315@ptpress.com.cn
　　网址　https://www.ptpress.com.cn
　　三河市君旺印务有限公司印刷

◆ 开本：787×1092　1/16
　　印张：13.5　　　　　　　　　　2023 年 1 月第 2 版
　　字数：293 千字　　　　　　　　2023 年 11 月河北第 2 次印刷

定价：49.80 元

读者服务热线：(010)81055256　印装质量热线：(010)81055316
反盗版热线：(010)81055315
广告经营许可证：京东市监广登字 20170147 号

前　言

党的二十大报告指出："坚持以人民为中心发展教育，加快建设高质量教育体系，发展素质教育，促进教育公平。"随着我国经济的发展，科技、文化、教育，尤其是幼儿教育也得到了迅速发展，幼儿教育领域需要大批既有较高理论水平又有较强实践能力的师资。幼儿师范的毕业生只有通过系统培养才能满足日益发展的幼儿教育事业的需要。为此，我们于2014年编写了《幼儿心理学》一书。

该书自发行以来得到了幼教界广大同仁的高度认可。随着时间的推移，第1版《幼儿心理学》逐渐暴露出一些瑕疵，无论是在教材的规范性、信息化技术的融入还是在学术前沿的探索上都需要进一步加强。为此，我们再次组织幼儿教育专家对该书进行修订，以期能与时俱进，为广大读者提供更好的服务。

在修订过程中，我们在第1版的基础上更加注重理论与实践的紧密结合，力求根据科学的理念和现代幼儿心理学原理对幼儿心理现象进行实事求是的分析和评论。全书以知识内在结构为主线，结合详细的案例、视频与图片，突出各个年龄段、各种心理现象的特征，充分解读各种幼儿心理的独特性、差异性和可塑性。书中所涉及的幼儿心理知识不仅具有较高的理论价值，而且对我国现行的幼儿教育实践也具有一定的指导和参考作用；另外，书中重要的知识点都配有图片、案例等，贴近现实，通俗易懂。

本书配套了慕课视频、教案、教学大纲等资源。读者用手机扫描封面二维码即可在线观看慕课视频，学习幼儿心理学的相关知识。

本书共12章，由李国祥、夏明娟、王杰、王静文合作编写。其中，第二章、第四章、第八章、第九章由李国祥编写，第三章、第五章、第六章、第七章由夏明娟编写，绪论、第一章、第十章、第十一章、第十二章由王杰、王静文编写。全书由李国祥、夏明娟统稿。

由于编者水平有限，书中难免存在不足之处，恳请读者批评指正。

编者

2023年10月

目　录

绪论

【本章学习要点】

1. 理解幼儿心理学研究的意义。
2. 掌握幼儿心理学的研究对象。

【引入案例】

2021年9月1日，张园长在全体教职工大会上提出，本学年老师们应从多个方面提高自身素质，尤其强调要持续深入地了解幼儿的心理发展特点，希望老师们的保教工作能在了解幼儿身心发展的基础上展开。王老师是一名刚参加工作的老师，听了园长的话，他不禁陷入思考：幼儿心理学作为学前教育的基础学科之一，虽然自己上学的时候学过，但是学得过于浅显，没想到它与幼儿园的教育实践联系得这么紧密。下班后，王老师赶紧找了几本幼儿心理学的教材翻阅起来。

问题：幼儿心理学是研究什么的学科？它的研究内容有哪些？

心理学是把人作为研究对象的一门学科。在人类的知识宝库中，有众多的学科都在研究人类自身。其中，心理学是非常重要的一门。而幼儿心理学是研究从出生到入学前幼儿的心理发展规律的一门学科，是心理学的一个分支学科。

一、心理学与幼儿心理学

幼儿心理学作为心理学的一个分支学科，在心理学的学科框架内对幼儿的心理年龄特征进行了详细的分析。

（一）心理学

人类很早就开始关注自身的心理现象，但直到 1879 年，德国心理学家冯特在莱比锡大学建立第一个心理实验室，才标志着科学心理学的诞生。自此，心理学成为一门独立的学科。心理学是研究心理现象及其发展规律的学科，心理现象也称心理活动。心理学将心理现象（简称心理）分为心理过程和个性心理两大类，具体分类如图 0-1 所示。

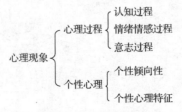

图 0-1 心理现象的分类

1. 心理过程

一个人在特定的环境中接受环境的刺激，会在大脑中产生一个反映现实的过程，这个过程就是心理过程。心理学将人的心理过程划分为 3 类，分别是认知过程、情绪情感过程和意志过程。

（1）认知过程

认知过程是指人认识客观事物的过程，即对信息进行加工处理的过程，是人由表及里、由现象到本质地反映客观事物特征及其内在联系的过程，包括感觉、知觉、记忆、想象、思维等认知要素。人可以辨别物体的颜色、形状，分辨各种声音、气味、味道及空间远近和时间长短等，这是感觉和知觉在起作用。人可以记住和回忆经历过的事物，这是记忆在起作用。人在日常生活中可以憧憬未来，在艺术活动中可以创造出新的形象，这是想象在起作用。人还能发现事物之间的关系和联系，而且能够思考问题、解决问题，这是思维在起作用。此外，注意属于认知过程的一部分，是伴随感觉、知觉、记忆、想象、思维等心理过程的一种共同的心理特征。

（2）情绪情感过程

情绪情感过程是伴随认知过程产生的主观体验，可分为情绪和情感两种，如愉快、不愉快、悲伤、愤怒、惊恐、尊敬、喜爱、厌恶等。情绪是具有情境性和肤浅性的情感。随着特定情境的产生，某种特定情绪很快产生；随着特定情境的消失，该种情绪也很快消失。情绪伴随有比情感更多的冲动性和外部表现。情感是具有稳定性和深刻性的情绪，形成于多次情绪感受之上，是长期、跨情境的情绪。情感比情绪更加内隐、隐晦。

（3）意志过程

意志过程是指人在改造世界的过程中能自觉地确定工作或学习目标，并根据目标调整自身的行动，克服困难去实现自己预定的目标。它是人的意识能动性的体现，即人不仅能认识客观事物，还能根据对客观事物及其规律的认识自觉地改造世界。

心理过程是一个统一的过程。认知过程、情绪情感过程和意志过程之间既有区别又有联系。认知过程是最基本的心理过程，它是情绪情感过程和意志过程的基础；情绪情感过程是认知过程和意志过程的动力；意志过程对人的认知过程和情绪情感过程具有调控作用。可见，认知过程、情绪情感过程、意志过程三者是密切联系并统一进行的。

2. 个性心理

个性心理是一个人比较稳定、具有一定倾向性的各种心理特点或品质的独特组合。人的心理过程的发展与每个人的遗传因素、社会因素、文化因素、生活经验和心理活动的特点有关。这些因素的相互作用最终整合成一个人总的精神风貌，心理学称其为个性。个性心理又可以分为个性倾向性和个性心理特征两方面。

（1）个性倾向性

个性倾向性是推动人进行活动的动力系统，是个性结构中最活跃的因素，决定人对周围世界的认识，决定人追求什么，包括需要、动机、兴趣、爱好、理想、信念、价值观等。

（2）个性心理特征

个性心理特征是指人的多种心理特点的一种独特的结合，是个体经常、稳定地表现出来的心理特点，比较集中地反映了人的心理面貌的独特性、个别性，主要包括能力、气质、性格。其中，能力标志人在完成某种活动时的潜在可能性上的特征；气质标志人在进行心理活动时，在强度、速度、稳定性、灵活性等动态性质方面的独特的个体差异性；而性格则更鲜明地显示人在对现实的态度和与之相适应的行为方式上的个人特征。个性心理特征的形成具有相对稳定性。

个性心理特征在个性结构中并非孤立存在，它受到个性倾向性的制约。例如，能力和性格在动机、理想等的推动下形成、稳定或再变化，并通过动机和理想等动力机制表现出来。个性心理特征和个性倾向性相互制约、相互作用，使个体表现出时间上和情景中的一贯性，体现个体行为。

（二）幼儿心理学

顺应社会实践的需要和科研的发展，心理学形成了许多分支，如普通心理学、发展心理学、社会心理学、教育心理学等。发展心理学主要研究人在从出生到死亡的整个生命周期中，心理发生发展的趋势和规律。幼儿心理学是发展心理学中一个细小的分支，主要的研究对象是 3～6 岁的幼儿，是研究人在幼儿阶段的心理特征和发展趋势的学科。近年来，随着对幼儿身心研究的深化并基于适应早期教育、实现托幼一体化的需要，0～3 岁的婴幼儿也被纳入幼儿心理学的研究范畴。因此，有学者提出，确切的学科名称应该是婴幼儿心理学。为了适应幼儿师范学校课程命名的传统，我们还是称其为幼儿心理学，但是本书也包括 0～3 岁的婴幼儿心理发展的内容。

幼儿期是人一生中生长发育最旺盛、变化最快、可塑性最强的时期之一。幼儿在环境和教育的影响下，在以游戏为主导的各种活动中，心理发展异常迅速。生理机能的不断发展，身高、体重的增长，肌肉、骨骼的发育，特别是大脑皮层的结构和机能的不断完善，都为幼儿心理的发展提供了物质基础。幼儿心理的发展过程呈现出本年龄阶段所特有的特点和规律。

二、幼儿心理学的研究内容

幼儿心理学的研究主要针对以下内容。

（一）幼儿心理的特点

幼儿心理学研究的是幼儿纷繁复杂的心理所表现出来的特点。例如，幼儿的感觉、知觉、记忆、想象、思维、意志和情绪情感等人对现实的认知过程、情绪情感过程和意志过程等心理过程的特点，需要、动机、能力、性格等个性倾向性和个性心理特征的特点，以及注意、言语、动作、社会性等方面的特点。

（二）幼儿心理发展的理论

幼儿心理学从个体心理发展角度阐明幼儿心理的实质和影响幼儿心理发展的条件，分析有关心理发展的各种学说。正确的发展理论可以指导幼儿教育实践，有效地促进幼儿心理正常发展。

（三）幼儿心理发展的培养策略

幼儿心理学根据心理发展的规律，提出促进心理进一步发展的方法，使幼儿的各种心理得到良好的发展。这方面的任务主要有以下两个。

1. 阐明幼儿的心理特征

幼儿的心理特征主要包括幼儿特有的认知特征、情感特征和交往特征。这些特征对人的终生发展具有一定的影响，如早期动作的发展影响后来的思维能力，早期的情感经历影响后来的人格特征，早期的依恋类型影响后来的人际关系等。幼儿各种心理过程的发展，尤其是认知、情感、社会化的发生和发展，对其个性的最终形成具有重要影响。因此，了解幼儿的心理发展水平和特征，有助于认识人的心理发展的整体性和连续性。

2. 揭示幼儿心理发展的机制

幼儿的心理为什么会发展？什么因素在推动幼儿心理的发展？推而广之，人的心理为什么会发展？这始终是发展心理学十分关注的理论问题。在心理学领域，有人强调遗传对心理发展的决定性作用，有人强调环境对心理发展的决定性作用，有人强调遗传和环境的相互作用，从而形成了不同的学派和理论体系。关于幼儿心理发展的机制问题，不同派别的学说本身还在发展之中。

三、幼儿心理学研究的意义

我们可以从理论和实践两方面来探讨幼儿心理学研究的重要意义。

（一）理论意义

1. 为辩证唯物主义认识论提供科学依据

幼儿心理学的研究描述了幼儿心理发展的年龄特征和个体差异，揭示了幼儿心理发展的原因和机制，阐明了幼儿心理发展的影响因素，以及这些因素是如何影响幼儿心理发展的。而辩证唯物主义是关于自然界、人类社会和思维发展的一般规律的科学。幼儿心理学研究体现唯物辩证法的各种规律，能为辩证唯物主义认识论提供科学依据。

2. 充实和丰富发展心理学的内容

幼儿心理学是发展心理学的一个重要分支，因此对幼儿心理学做深入、科学的研究可以丰富发展心理学的内容；同时，幼儿心理学的研究成果对于认识和研究青年、中年甚至老年人的心理特点都有重要意义。

（二）实践意义

1. 为幼儿教育提供理论基础与实践指导

幼儿教育工作的有效开展必须以幼儿心理学的研究为基础。幼教工作者想要贯彻正确的教育方针，做到科学育人，就必须学好幼儿心理学。幼教工作者只有掌握了幼儿认知发展的规律和各年龄阶段认知发展的水平与特点，才能以此为依据来确定适当的教育内容、教育方法，正确组织幼儿园的各种活动，更好地开发幼儿的智力。例如，通过对幼儿认知与行为的探讨，幼教工作者可以找到教育幼儿集中注意力、控制行为的有效手段，从而减少幼儿的多动行为。幼教工作者掌握了幼儿个性心理的知识，了解了幼儿心理发展的个体差异，就可以因材施教，促使每个幼儿在原有基础上得到最大限度的发展与提高。例如，根据幼儿的不同气质类型采取不同的教育方式，这将有利于幼儿心理的健康发展。

2. 为家庭教育提供相应的心理学知识

大量研究表明，父母的教养方式、文化水平、职业状况、个性，以及亲子关系、家庭气氛、家庭结构等都会对幼儿的心理发展产生影响。其中，父母的教养方式与幼儿日后的个性发展有密切关系。幼儿心理学的研究成果是父母掌握科学的育儿知识的源泉。父母掌握的幼儿心理学知识越多，其教养方式就越科学，孩子在幼儿期及日后的发展就可能越好。

3. 为幼儿心理健康与心理咨询工作提供必要的心理学知识

幼儿心理学的研究包括考察个体和群体的心理发展规律，预测发展的程序与模式，建立一系列心理与行为发展的常模，这对于幼儿心理健康与心理咨询工作具有重要的实践意义。

四、幼儿心理学研究的基本方法

幼儿心理学研究的基本方法包括观察法、调查法、测验法、实验法等。这些方法各有优缺点，采用哪种方法应考虑研究目的与被试的特点。

（一）观察法

观察法（observational method）是在自然情境中有计划、有目的地收集幼儿的行为与言语信息，以了解幼儿心理与行为的方法。观察法在幼儿心理学研究中应用得非常广泛。幼儿的言语能力有限，但其心理活动带有明显的外显性，因此通过观察他们的外部行为，研究者可以了解幼儿的心理过程、心理状态和心理特征。有许多幼儿心理学研究采用观察法，如陈鹤琴的《一个儿童发展的顺序》、达尔文的《一个婴儿的传略》等。

对幼儿进行观察时应注意：①幼儿的心理活动不稳定，行为表现常带有偶然性，因此要进行反复观察；②尽量让幼儿处在自然状态，不要使他们意识到自己已成为被观察的对象；③记录要准确、详细，不仅要记录幼儿行为本身，而且要记录行为的前因后果和环境条件。

观察法的主要优点是在自然状态下，幼儿的言行反应真实、自然，研究者获取的资料比较真实，生态学效度较高。其缺点是观察资料的质量容易受到观察者的能力及其他心理因素的影响。另外，观察法只能被动记录幼儿的言行，不能进行主动选择或控制的研究。因此，观察法得出的结果一般只能说明"是什么"，而难以解释"为什么"。

（二）调查法

调查法（investigation method）是以提问的方式对幼儿心理发展进行有计划、系统的间接考察，并对所收集的资料进行理论分析或统计分析的方法。根据研究的需要，研究者可以直接对幼儿进行调查，也可以对熟悉幼儿的人（如父母、幼儿园教师等）进行调查。调查法分为书面调查法和口头调查法。

书面调查法是通常所讲的问卷法，它是研究者根据研究目的设计一系列问题（有关性别、年龄、爱好、态度、行为等）构成问卷，通过问卷来收集资料的一种方法。问卷也分为两种：一种是由幼儿直接回答的问卷，另一种是通过父母和教师等对幼儿收集资料的问卷。

口头调查法即访谈法，是研究者根据预先拟好的问题，与幼儿或熟悉幼儿的人交谈，通过一问一答的方式来收集资料的方法。研究者在与幼儿交谈的过程中应注意以下几点：①事前要熟悉幼儿，并与其建立亲密关系；②谈话应在愉快、信任的气氛中进行，使幼儿乐意回答问题；③提出的问题一定要明确，易于幼儿理解和回答；④问题数量不宜太多，以免引起幼儿疲劳和厌烦；⑤谈话内容应及时记录，也可以使用录音或摄像设备，方便以后整理与核实资料。皮亚杰的临床谈话法就属于访谈法的范畴，它是一种很有特色的方法。在临床谈话法中，皮亚杰将让幼儿摆弄、操作实物（如玩具、积木等）与谈话结合，取得了很好的研究效果。

问卷法的优点是不受时间和地点的限制，能在短时间内获取大量资料，所得资料便于统计、分析。其缺点是问卷的编制比较困难，必须考虑问卷的信度和效度，并且难以排除某些主客观因素（如社会期望效应、回收率等）的干扰。访谈法的优点是能有针对性地收集研究数据，适用于不同文化程度的研究对象，而且相较于问卷法具有更高的回收率和有效率。其缺点是访谈结果的可靠性受到访谈者自身素质、访谈对象特点等因素的限制；与问卷法相比，访谈法费时费力，且所得资料不易量化。

（三）测验法

测验法（examination method）是通过测验量表来研究幼儿心理发展规律的方法，即采用标准化的题目，按照规定程序，通过测量的方法来收集数据资料。测验法既可用于测量幼儿心理发展的个体差异，也可用于了解不同年龄阶段的幼儿心理发展水平的差异。

按测验目的，测验可分为智力测验、特殊能力测验和人格测验等。目前，我国常用的测验量表如下。智力测验包括中国比纳测验（第三次修订版）、韦克斯勒智力量表（韦克斯勒幼儿智力量表修订版、韦克斯勒儿童智力量表和韦克斯勒成人智力量表修订版）、瑞文标准推理测验（中国城市修订版）、卡特尔图形推理测验和画人测验等。特殊能力测验分为行政能力倾向性测验、婴儿动作发展测验（如格塞尔发展测验、丹佛儿童发展筛选测验）、托兰斯创造思维测验等。人格测验包括卡特尔16种人格因素测验、艾森克人格问卷、明尼苏达多相人格问卷等。

研究者用标准化的量表对幼儿心理进行测量时，应当注意以下几个方面：①根据研究目的和幼儿的特点选择合适的量表，②应严格按照标准化的指导语和程序进行测验，③应严格按照测验手册进行记分、处理和结果解释。另外，针对幼儿的测验，还应考虑要与教育相结合。心理测验的目的是了解幼儿心理发展的水平与特点，不能影响幼儿心理的健康发展。

（四）实验法

实验法（experimental method）是在控制的条件下系统地操纵某些变量，来研究这些变量对其他变量产生的影响，从而探讨幼儿心理发展的原因和规律的方法。实验法是一种揭示变量间的因果关系的方法，实验结论可以由不同的实验者进行验证。

实验法涉及几个重要概念：被试、变量、自变量、因变量、无关变量。被试即被研究者，也就是研究对象。与被试相对应的是主试（experimenter）——研究者，即做研究的人。例如，我们要研究"3~5岁幼儿情绪的发展"，那么3~5岁的幼儿是被试，我们就是主试，即研究者。变量是指在量上或质上可以有变异的因素或特征，如性别、年龄、教学内容、能力等，这些都不是固定不变的，故称变量。自变量是由主试选择、控制的变量，通常是刺激变量，它决定行为或心理的变化。因变量即被试的反应变量，它是自变量造成的结果，是主试观察或测量的行为变量。实验需要在控制的情境下进行，其目的在于排除自变量以外一切可能影响实验结果的无关变量（控制变量）的影响。

实验法分为实验室实验（laboratory experiment）和现场实验（field experiment）。实验室实验是在严密控制的实验条件下借助一定的仪器所进行的实验。现场实验是在实际生活情境中对实验条件做适当控制所进行的实验。对幼儿进行实验研究时，研究者应当注意以下几点：①实验目的、材料和方法都应该与教育的原则相适应，有助于幼儿身心发展，任何实验研究都不得以妨碍幼儿身心健康发展为代价；②幼儿实验室（一般称为"幼儿活动观察室"）的布置，应尽量与幼儿的日常生活、学习环境保持一致，使幼儿在实验条件下表现自然；③实验过程中应关注幼儿的生理和情绪状态，尽量使幼儿保持良好的生理和情绪状态。

本章思考与实训

一、思考题

（一）单项选择题

1. 个性心理主要包括（　　）。

  A. 认知过程和情绪情感过程   B. 个性倾向性和个性心理特征

  C. 意志过程和个性倾向性   D. 情绪情感过程和意志过程

2. 个性心理特征的核心是（　　）。

  A. 气质   B. 能力   C. 性格   D. 兴趣

（二）问答题

1. 简述幼儿心理学的研究对象。

2. 对幼儿进行观察研究时，有哪些注意事项？

二、案例分析

在游戏对幼儿情绪发展的影响的实验研究中，因为只研究游戏对幼儿情绪发展的影响，所以要控制一些无关变量，如幼儿的年龄、家庭背景等。我们可以通过设置实验组和对照组（控制组）来控制这些无关变量，即在实验前使两个组在人数、年龄、家庭背景等方面大致相同，控制实验条件，然后对实验组施加自变量（如为期两周的游戏活动）的影响，对对照组则不施加任何影响（如两周内不进行任何游戏活动）。然后（如两周后），考察并比较这两个组的反应（如情绪表达与控制能力）是否不同，以确定自变量（如游戏活动）对因变量（如情绪表达与控制能力）的影响。

请问：该实验研究的自变量、因变量、被试分别是什么？进行该实验研究应注意什么问题？

三、章节实训

1. 实训要求

结合到幼儿园见习的机会，学会使用观察法并做分类记录：使用观察法记录各年龄班幼儿结构区合作情况。

（1）记录活动时要分别注明其适用于哪个年龄班的幼儿。

（2）记录活动时写清楚结构区幼儿是如何通过语言、手势及眼神达到默契合作的。

（3）至少观察3个游戏项目。

2. 实训过程

（1）6人组成一个小组。

（2）分工合作，设计一个观察表格。

（3）根据设计的观察表格进行观察并做好记录。

3. 样表

观察者：

游戏名称	行为表现描述	培养策略	年龄班

第一章

幼儿心理发展概述

【本章学习要点】

1. 理解并明确心理的实质，即心理是人脑的机能，是客观现实的反映，心理具有主观能动性。

2. 理解幼儿心理发展的一般特征和年龄特征。

【引入案例】

1920年，人们在印度西北部的山区发现了两个"狼孩"。"狼孩"回到城市时，仍用四肢行走，膝盖着地并用嘴舔地面上的水，另外他们不肯穿衣服，怕强光，还会在深夜发出嚎叫。其中一个名叫卡玛拉的七八岁女孩，智力仅相当于人类社会中6个月的婴儿的水平。

问题：从个体心理的形成与发展来讲，这一事例说明了什么？

幼儿心理学研究幼儿的心理活动及其发生、发展特点，首先要明确幼儿心理活动的实质，了解幼儿心理活动为什么会有不同的发展，本章将对此展开探讨。

> ┃ 小思考 ┃
>
> 你知道人的心理活动到底是怎么一回事吗？

第一节　心理的实质

心理的实质，是人类自古以来就渴求认识的重大问题之一。心理不是物质，而是物质的产物；心理并不是一切物质的产物，而只是发展到高度完善的物质——脑的产物。

但在古代，人们在很长一段时间内并没有认识到脑是产生心理的物质本体，却误以为心脏是心理的器官，所以把许多心理和"心"联系起来，如把一个人思虑周密称作"心细"，把性情急躁称作"心急"等。然而无数事实客观地表明了心理和脑的关系。例如，脑受到损伤，心理便会受影响，甚至引起精神变态。现代关于脑的实验研究更是科学地证明了脑是心理的器官，心理是脑的机能。

一、心理是脑的机能

脑是心理的重要机能结构，我们也可以说，心理是脑的反射活动。

（一）脑的机能结构

人的大脑由左右半球构成，表面覆盖着大脑皮层。大脑皮层共有 6 层，展开时面积约有 2 200 平方厘米，由 140 亿个神经细胞构成。每个神经细胞都具有强大的处理各种信息的能力，各个神经细胞之间构成了十分复杂的联系。大脑皮层的每一部分既接受其他部分发出的神经冲动，也向其他部分发出神经冲动。而且不仅大脑皮层的各个部分之间有广泛联系，大脑皮层还和皮层以下的各个部位形成复杂的联系。这种错综复杂的联系构成了人的心理的生理基础。大脑皮层是人的心理最重要的机能结构。

大脑半球的表面有许多皱褶，凹陷部分被称为沟或裂，隆起部分被称为回。根据沟、回的分布，大脑皮层一般分为额叶、顶叶、颞叶和枕叶。各叶的机能并不相同：位于大脑半球前部的额叶和顶部的顶叶主要和智力活动、言语功能有密切关系，位于大脑半球外侧的颞叶主要是听觉中枢，位于大脑半球后部的枕叶主要是视觉中枢。大脑皮层是统一的整体，各叶虽然有不同的机能中枢，然而这些中枢只是某种机能的核心部分，在大脑皮层的其他区域还有该种机能的分散部分。当某一中枢受到损伤，经过适当的治疗训练，受损区域的机能往往能由其他区域代替执行，起补偿作用。因而大脑皮层各区域的机能分工是相对的。

（二）心理是脑的重要机能

脑是神经系统的重要构成部分，是产生心理活动的生理器官，而脑结构中，大脑是产生心理活动的主要器官。

虽然事实已经确证脑是心理的器官，心理是脑的产物，但是人们对于脑以怎样的方式产生心理，仍有不同的理解。有的思想家曾认为脑产生心理正像肝脏分泌胆汁一样。这种思想显然是错误的，因为它把非物质的心理当作物质看待。现代科学研究认为，心理是脑的一种反映机能。

反映是指脑对外界刺激的积极反应。人在和周围世界相互交往的过程中，无数外界刺激作用于感觉器官，影响人脑，在人脑中引起神经活动，同时产生了感觉、知觉、思维等心理。脑产生的心理反过来又调节动作、言语等反应，使人积极地影响周围世界，创造更有利于个体生活和发展的条件。心理实质上是脑的反映机能。

我们从心理的产生方式来分析，心理又是脑的反射活动。"反射"是有机体通过脑对刺激做出反应的活动。

人的一切活动，不论是最简单的、不由自主做出的反应动作，还是复杂的心理，就其产生的方式而言，都是反射活动。人的心理是由外界刺激引起，经过脑的分析与综合而产生的，反过来又调节各种反射活动。外界刺激和反应动作是心理的开端和终结。心理现象和整个反射过程，特别是条件反射活动密不可分。

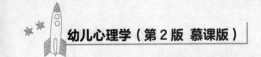

二、心理是对客观现实的反映

心理是脑的机能，主要说明心理的产生具有物质本体。产生心理的器官是脑，但这并不意味着有了脑就能产生心理。人的心理并不是人脑所固有的。人脑只是一种反映器官，还要有周围现实作用于人的感觉器官，影响人脑，才能产生心理。例如，幼儿看到了屋旁的一棵柳树，才有树木的知觉；幼儿听过拔萝卜的故事，才有关于这个故事的记忆。幼儿在画图时会画出一些现实生活中并不存在的图像，或在讲故事时讲出一些现实中没有的内容。例如，幼儿画了一棵长满玩具的冬青树，或讲了冬青树长出玩具的故事，但那也不是人脑凭空虚构出来的，而是把现实中的冬青树和玩具在脑中经过加工改造而成的。这种想象的东西仍然是现实的反映。所以心理的产生不能没有反映的器官，即脑；也不能没有被反映对象，即客观现实。没有被反映对象，也就没有反映。

因此，客观现实是心理的源泉，心理是客观现实的反映。

人的心理是以映象的形式在头脑里反映客观现实的。心理是客观现实在头脑中的映象。幼儿关于柳树的知觉，是所看到的柳树反映于头脑时产生的映象。因此，人的心理并不是客观现实本身，而是客观现实在头脑中的映象。映象和被反映的客观现实相像，在一定程度上它是客观现实的"复写"和"摄影"。

客观现实是心理的源泉。客观现实是十分丰富、复杂的，包括自然现象和社会生活，但对人的心理起决定作用的是社会生活。一个人假如和人类社会生活隔绝，虽然具有人脑，但他的心理会十分贫乏落后，得不到正常发展，甚至和动物的心理相似。部分地区曾发现一些从小被野兽叼去，和野兽一起生活，在兽群中长大的"狼孩""豹孩"等。他们被人捕获而回到人类社会时，仍然喜欢用四肢爬行，习惯于夜间行动，不喜欢和人接近，缺乏人的情感，心理发展明显落后于常人。这些事实表明，有了脑而没有客观现实，也没有心理。离开了社会生活，人的心理便不能得到正常发展。

由此可见，心理固然是脑的产物，却不能没有客观现实。心理是客观现实在人脑中的反映。客观现实是心理的源泉，而社会生活更是人的心理的主要源泉。

三、心理具有主观能动性

人的心理是客观的又是主观的，它是由具体的个体在头脑中产生的。由于人的知识经验、需要、愿望及个性特征不同，人对客观现实的反映也不同。例如，有的人爱财如命，有的人仗义疏财，这就是钱在他们的主观上的不同反映。在对客观事物的选择上，不同的人有不同的特点，如美术工作者对形象的结构、色彩的分析比其他人更加精细、准确。所以，人的心理是客观现实的主观映象。

人的心理不是消极被动、录像式地对客观现实进行反映，而是能动地反映客观现实。

> **▐ 案例分析 ▐**
>
> 　　面对同一个黑点，有的孩子说像蚂蚁，有的孩子说像芝麻，而在成人看来它只是一个黑点。
>
> 　　这说明人的心理是对客观现实的反映，这种反映带有明显的主观色彩，脑在加工原材料即客观现实时，人的经验、对现实的兴趣态度等都会影响心理反映。所以，面对同样的客观现实，每个人的心理反映并不是完全一致的。

　　人的心理不仅反映客观事物具体的表面现象，还会通过脑的分析综合，把握客观事物的本质和规律，预测客观事物发展变化的过程，从而让人有效地认识和改造客观世界。这些都是在实践过程中通过主客体的相互作用来实现的。

第二节　幼儿心理发展特征

　　幼儿心理的发展具有连续性和阶段性、稳定性和可变性、不平衡性和差异性等一般特征，同时也具有自身独特的年龄特征。

一、幼儿心理发展的一般特征

　　幼儿教师必须全面了解幼儿在不同年龄阶段所形成的一般的、典型的、本质的心理特征，只有这样才能科学施教。

（一）幼儿心理发展的连续性和阶段性

　　幼儿心理活动的发展是从量变到质变的过程。量变过程即表明心理发展的连续性。量变到一定阶段引起质的变化，标志着心理发展的阶段性，前一阶段是后一阶段的基础，后一阶段是前一阶段的继续。每一个阶段既留有上一阶段的特征，又含有下一阶段的新质，但是每一个阶段里总是具有占主导地位的本质特征。

　　以幼儿思维的发展为例，幼儿的思维以具体形象思维为主要形式，但在幼儿初期，其思维还带有很大成分的动作思维，离不开实物和动作，而后才在动作思维的基础上逐渐发展到具体形象思维。具体形象思维不断发展，到了幼儿末期，幼儿的思维出现抽象逻辑思维的萌芽，又进入一个新的阶段。所以，在幼儿教育工作中，幼儿教师应根据幼儿心理发展的连续性和阶段性的特点，既要考虑幼儿现有的发展水平，又要积极创造条件，促进幼儿的心理发展，使其迅速而稳定地向新的水平和新的阶段过渡。

（二）幼儿心理发展的稳定性和可变性

幼儿的心理年龄特征是指在一定社会和教育条件下，在幼儿发展的各个不同年龄阶段形成的一般、典型、本质的心理特征。只要是在幼儿期，人的心理发展阶段的顺序，每一阶段的变化过程和速度，大体上都是相同的，表现出基本相似的心理特点，而且基本上是稳定的。但这种稳定是相对的，不是绝对的，社会和教育条件发生变化，幼儿的心理年龄特征会发生一定的变化。

（三）幼儿心理发展的不平衡性和差异性

幼儿心理的发展不是千篇一律地按一个模式进行的，也不总是按相同的速度直线发展的。有些心理特征发展得早一些，有些心理特征发展得晚一些，有些心理特征的发展是先快后慢，有些心理特征的发展却是先慢后快，呈现出多样化的发展模式。而且，不同幼儿的心理过程和个性特征的发展速度是不一样的，他们达到成熟水平的时间也各不相同，如有的幼儿早熟、早慧，有的幼儿迟开窍等。即使是处在相同年龄段的幼儿，其心理发展也有显著的差异，如有的幼儿对音乐有特殊的敏感度，有的幼儿对艺术形象有深刻的记忆表象。在性格方面也是如此，有的幼儿好动，善于与人交往，言语流畅，有的幼儿喜欢安静、独处，沉默寡言，不合群。这就是所谓的外倾、内倾之别。幼儿心理发展的不平衡性和差异性，要求教育活动的内容、形式等不仅要考虑幼儿的年龄特征，而且要注意幼儿的个体差异，这样幼儿教师才能因材施教。

二、幼儿心理发展的年龄特征

幼儿心理的发展是一个循序渐进的过程，幼儿教师要用发展的眼光看待幼儿。

（一）认识活动的具体形象性

幼儿主要是通过感知、依靠表象来认识事物的，具体形象的表象左右着幼儿的整个认识过程，甚至其思维活动也常常难以摆脱知觉印象的束缚。例如，两排数量相等的棋子，如果将其等距离摆开，幼儿都知道是"一样多"，但如果将其中的一排棋子聚拢，不少幼儿就会认为密的这一排棋子数量少些，因为"这一排比那一排短"。可见，幼儿辨别棋子数量的多少会受排列形式的影响。所以说幼儿的思维是以具体形象性为主要特点的。

（二）心理活动及行为的无意性

幼儿控制和调节自己的心理活动和行为的能力很差，很容易受其他事物的影响而改变自己的活动方向，因而其行为表现出很强的不稳定性。在正确教育的影响下，随着年龄的增长，这种状况会逐渐改变。

（三）开始形成最初的个性倾向

3 岁前，幼儿已有个性特征的某些表现，但这些特征是不稳定的，容易受到外界的影响而改变。个性表现的范围也有局限性，很不深刻，一般只在活动的积极性、情绪的稳定性、好奇心的强弱程度等方面反映出来。3 岁后，幼儿个性表现的范围比以前广，内容也深刻多了，无论是在兴趣爱好、行为习惯、才能方面，还是在对人对己的态度方面，幼儿都开始表现出自己独特的倾向。这时的个性倾向与以后相比虽然还是容易改变的，但已成为幼儿一生个性的基础或雏形。

本章思考与实训

一、思考题

（一）单项选择题

1. 以下说法正确的是（　　　）。

    A. 人的心理是人脑所固有的

    B. 有了脑就有心理

    C. 人的心理是客观现实在人脑中的映象

    D. 脑产生心理正像肝脏分泌胆汁一样

2. 人心理发展的决定因素是（　　　）。

    A. 教育　　　　　　　　　　　　B. 社会物质生活条件

    C. 实践活动　　　　　　　　　　D. 遗传因素

3. 人的心理实质是（　　　）。

    A. 人脑的产物　　　　　　　　　B. 客观现实的反映

    C. 大脑是心理的器官　　　　　　D. 客观现实在人脑的反映

（二）问答题

1. 概括地说明心理的实质。

2. 脑、客观现实和心理有什么关系？

3. 俗话说"有其父，必有其子"，这说明遗传在幼儿的心理发展中起决定作用。你认为这一观点是否正确？为什么？

二、案例分析

德尼斯等人在孤儿院做过研究，发现留在孤儿院的幼儿智力发展慢，平均智商只有53，而被领养的幼儿智力发展快，平均智商达到80，特别是年龄很小就被领养的幼儿，他们的平均智商可达到100。试分析产生以上差异的原因。

三、章节实训

1. 实训要求

结合到幼儿园见习的机会，观察并做分类记录：幼儿园一日生活中，影响幼儿身心健康的因素有哪些？

（1）记录活动时要分别注明其适用于哪个年龄班的幼儿。

（2）记录活动时写清楚这些活动有什么积极意义。

（3）至少观察3个活动项目。

2．实训过程

（1）6人组成一个小组。

（2）分工合作，设计一个观察表格。

（3）根据设计的观察表格进行观察并做好记录。

3．样表

观察者：

活动名称	活动描述	积极意义	年龄班

第二章

幼儿的注意

【本章学习要点】

1. 理解注意的概念及分类。
2. 掌握幼儿注意的发展。
3. 掌握幼儿注意分散的原因及防止措施。

【引入案例】

一位热爱幼儿教育工作的教师，为了给孩子提供一个生动有趣的生活、学习环境，新学年开始便精心对教室进行了一番布置。教室周围的墙上张贴了各种各样生动有趣的图画；窗台上摆上了各种各样奇异的花草；教室内挂了风铃，随风叮当作响。这位教师认为只有这样，才能使教室充满生机。

问题：请你判断，这种布置的教室将产生什么样的效果？为什么？

要了解注意的一般规律和幼儿注意的特点，并提出适宜的培养策略，首先应明确注意的概念、功能、分类及幼儿注意发展的特点等基本理论问题，然后再分析幼儿注意的品质，最后对幼儿注意分散的原因及防止幼儿注意分散的方法展开讨论。

第一节 注意概述

注意是幼儿最主要的心理品质之一。要发挥注意在幼儿心理发展中的作用，需要幼儿教师了解注意的一般规律，尤其是掌握幼儿注意的一般特点，这样才能有针对性地提出培养策略。

一、注意的概念

注意本身不是一种独立的心理过程，它是各种心理过程所共有的心理特征。注意是心理活动的一种积极状态，是心理过程的开端，它总是伴随各种心理过程，离开心理过程的纯粹的注意是不存在的。

（一）注意的定义

在嘈杂的候机大厅，广播里突然传来"各位旅客请注意……"此时，我们停止了聊天、看手机等无关紧要的事情，而开始在嘈杂的背景中检索广播中的重要信息。我们把这种离开无关刺激，聚焦于特定刺激的心理称为注意。确切地说，注意是心理活动对一定对象的指向和集中。当我们在学习或工作时，我们的心理活动或意识总会指向并集中在某一对象上。因此，指向性和集中性是注意的两个基本特点。指向性是指在一定时间内，人的心理活动有选择地指向一定的对象。例如，在课堂上，学生不是什么都看、都听、都记，而是有选择地去关注那些他们需要的对象，并把自己的精力都集中在要看、听、记、想的内容上。集中性是指心理活动停留在客观事物上时有一定的强度或紧张度。也就是说，注意不仅使心理活动有选择地指向一定的事物，而且使其全神贯注地对待这一事物。注意时神经系统既对某些刺激进行增强，也对其他无关刺激加以抑制，从而使心理活动的对象得到鲜明而清晰的反映，对其他刺激则"视而不见"或"听而不闻"。"全神贯注"是这一现象的集中体现。

指向和集中是同一注意状态下的两个不可分割的方面。注意不是一个独立的心理过程，它是心理过程的共同特性，是心理活动的引导者和组织者，具有动力性特点。

（二）注意的功能

注意具有以下 3 个功能。

（1）选择功能。它使人在某一瞬间选择具有意义的、符合活动需要的客观事物，避开或抑制无关刺激。

（2）保持功能。它使人的心理活动持续作用在所选择的对象上，保证活动的顺利进行。

（3）调节与监督功能。它使人的心理活动沿着一定的目标和方向进行，并根据当前需要做出适当分配和及时转移，以此来适应瞬息万变的客观环境。

（三）注意时的外部表现

当个体注意某个对象时，常常伴随特定的生理变化和外部表现。注意最显著的外部表现有以下 3 种。

1. 适应性运动

人在注意听一个声音时，会把耳朵转向声音的方向，即所谓的"侧耳倾听"。人在注意看一个物体时，会把视线集中在该物体上，即所谓的"目不转睛"。当人沉浸于思考或想象中时，眼睛会朝某一方向"呆视"，眼中周围的一切变得模糊起来，而不致分散注意。

2. 无关运动的停止

当注意时，一个人会自动停止与注意无关的动作。例如，小朋友聚精会神听故事时，他们会停止做小动作或交头接耳，表现得异常安静。

3. 呼吸运动的变化

人在注意时，呼吸会变得轻微而缓慢，而且呼吸的时间也会改变。一般来说，吸气变

得更短促，呼气变得更长。人在紧张时，还会心跳加速、牙关紧闭、握紧拳头，甚至出现呼吸暂停的现象，即所谓的"屏息"。

在幼儿园的生活活动和集体教育活动中，幼儿教师可以通过观察幼儿注意时的外部表现来了解幼儿是否集中注意力，但要真正了解幼儿的注意情况，还需全面了解幼儿的一贯表现。

二、注意与心理过程

注意不是独立的心理过程，它总是在感觉、知觉、记忆、想象、思维、情感、意志等心理过程中表现出来，是各种心理过程所共有的特性，它不能离开一定的心理过程而独立存在。教师在教学中常提醒学生"注意了""请注意"，只是把注意指向的内容和集中的心理过程省略了，教师所说的"请注意"，其实是在告诫或提醒学生注意听讲、注意思考、注意看板书、注意看课文、注意记拼写、注意想问题等。

注意与心理过程犹如空气和我们的生活，注意就是空气，生活就是心理过程。我们每时每刻都呼吸空气，但我们很难直接看出它来。事实上并不存在离开心理过程的单纯的注意。人们在注意某一事物的时候，总是在看它、听它、记它或想它。离开心理过程，也就谈不上注意了。所以，注意总是在我们的各种认识、情感、意志等心理过程中得以表现，是我们心理旅程中的领航员和护航员。没有注意，我们有意识的心理活动就会偏离航线，甚至停止。

总之，注意不是独立的心理过程，但任何一种心理过程自始至终都离不开注意。

三、注意的种类

注意有多种类型，划分的标准不同，注意的种类也不同。

（一）无意注意和有意注意

根据有没有自觉目的性和意志努力，注意可以分为无意注意和有意注意。

1. 无意注意

无意注意也称不随意注意，就是我们常说的"不经意"，既没有自觉的目的，也不需要做意志的努力。例如，上课时，一个同学迟到，当他走进教室时，大家会不由自主地去注意他。这种注意是被动的、不自觉的，它是对环境变化的应答性反应。引起无意注意的因素如下。

（1）刺激本身的特点，即客观因素。这主要是指周围事物中一些强烈、新奇、巨大、鲜艳、运动、反复出现的事物容易引起无意注意，具体如下。

① 刺激物的强度。刺激物的强度可以分为绝对强度和相对强度。一方面，强烈的光线、巨大的声响、艳丽的色彩、浓烈的气味等都容易引起我们的注意。我们把这种超强度的、使

人不得不关注的刺激称为绝对刺激，其强度称为绝对强度。另一方面，铅笔掉在地上、窃窃私语、纸被撕碎等，若发生在寂静无声的教室，也容易引起我们的注意。我们把这种和特定背景相对而言引起注意的刺激称为相对刺激，其强度称为相对强度。因此，在教学秩序没有建立好的班级，幼儿教师不能一味地靠提高自己的嗓音或声调来引起孩子的注意，而应当先建立良好的教学秩序。

② 刺激物间的对比关系。刺激物之间任何显著的差异，都容易引起人们的注意。例如，"万绿丛中一点红"和"鹤立鸡群"中的"红"和"鹤"最易引人注目。

③ 刺激物的运动变化。变化运动的刺激物比无变化运动的刺激物更容易引起人们的注意。例如，考试中晃动身体的同学、夜晚闪烁的霓虹灯等都会轻易引起人们的注意。

④ 刺激物的新奇性。相对于司空见惯的事物，新奇的刺激物往往更容易引起人们的无意注意。例如，大街上打扮较为新潮的人、动画片中造型奇特的形象，都更容易引起人们的注意。

当然，强烈、新奇等特点只是相对而言的，上课全班同学齐读课文时，铅笔落地的声响就不足以引起注意。当一个新奇的东西长期存在或重复出现时，往往也会失去吸引注意的作用。

（2）个体自身的状态、需要及经验，即主观因素。上述刺激物的本身特点，虽容易引起人们的注意，但支配不了人们的无意注意。同样的事物会引起这个人的注意，却不一定会引起另一个人的注意，这取决于人们不同的主观条件。

① 这些条件主要是指人对事物的需要、兴趣、态度及个人的情绪状态。一个人感兴趣的或符合其倾向性的事物容易引起他的注意。例如，幼儿在"自选游戏"活动中，首先就会不由自主地注意自己最感兴趣的玩具；一个闷闷不乐的人，很多事物都难起他的注意。

② 无意注意也和一个人的经验、对事物的理解及机体状态（如饥、渴等）有关。例如，对于饥肠辘辘的人，美食最容易引起他的无意注意。

掌握引起无意注意的因素对于提高教学质量和学习、工作的效率等有一定意义。

小思考

分析以下图片，是什么因素引起了无意注意？

---

2. 有意注意

有意注意也称随意注意，就是我们常说的"刻意"。它既需要自觉的目的，又和意志努力相联系。例如，幼儿要用积木进行搭建活动，他就要集中注意力，构思搭建活动的主题，排除其他活动干扰，并坚持努力才能完成，这样的注意就是有意注意。有意注意是人类所特有的注意形式，和无意注意有本质的不同。引起和保持有意注意包括下列4个方法。

（1）明确活动的目的和任务。因为有意注意是需要自觉的目的的，所以明确活动目的和任务对引起和保持有意注意具有重大意义。个体对目的和任务理解得越清楚、越深刻，完成任务的愿望越强烈，那些和达到目的、完成任务有关的事物就越能引起个体强烈的注意。

（2）培养间接兴趣。兴趣可以简单地分为直接兴趣和间接兴趣，直接兴趣是由活动过程本身直接引起的。在有意注意中，起作用的是间接兴趣，这种兴趣是指对活动目的和结果感兴趣。有时活动过程本身并不吸引人，甚至非常枯燥乏味，但活动的结果却很吸引人，让人产生强烈的兴趣，这种兴趣便是间接兴趣。形成稳定的间接兴趣，对引起和保持有意注意有很大作用。

（3）用坚强的意志与干扰做斗争。干扰是影响注意的重要因素，可以分为外部干扰和内部干扰。干扰可能是外界的客观刺激，如剧烈的声音、强光、突如其来的事件等，也可能是机体的某些状态，如疾病、疲劳、药物作用等，还有可能是一些无关的思想和情绪等。因此，在保持有意注意时，除了采取一定的措施排除一些干扰外，还要用坚强的意志与干扰做斗争。

（4）合理地组织活动。单调重复的刺激会严重影响有意注意的持久性，单一活动会使个体容易感到身心疲惫，进而降低注意强度。因此，把智力活动和实际操作结合起来，有助于引起和保持有意注意。如教师在讲解数学知识时，进行点数雪花片、玩积木、认读数字卡片、听铃铛响了几声等活动；在观察时，可以展示图片、模型、实物等。多种方式搭配使用对幼儿有意注意的维持能起积极作用。

仅靠有意注意，时间一长人便会产生精神上的紧张和疲劳，幼儿尤其如此。如果给他们的任务单调枯燥，他们更难保持长时间的注意。所以在活动中，教师应使两种注意交替运用、相互转换。教师一方面要利用刺激物新颖、多变、刺激性强等特点，引起幼儿的无意注意；另一方面还要激发幼儿的有意注意。这样既能使幼儿有兴趣地、主动积极地进行活动，又不致引起精神紧张和疲劳。

在教学活动中，教师要正确运用语调的抑扬顿挫、语句的停顿、姿态表情的变化，恰当地运用教具、演示、表演活动，掌握好时间长度，以引起和保持幼儿的无意注意。教师也要用明白易懂的语言，使幼儿明确活动的任务和目的，了解活动可以产生的结果，并且随时激励他们专心、坚持，以引起和保持幼儿的有意注意，从而提升活动的效果。

（二）外部注意和内部注意

根据注意的对象是存在于外部世界还是个体内部，注意可以分为外部注意和内部注意。

1. 外部注意

外部注意的对象存在于外部世界。外部注意是心理活动指向、集中于外界刺激的注意。就幼儿而言，他们的注意常常是外部注意占优势。

2. 内部注意

内部注意的对象是存在于个体内部的感觉、思想和体验等。内部注意是指向自己的心理活动和内心世界的注意。内部注意对于幼儿自我意识的发展有重要意义。良好的内部注意能使人清楚地认识自己、评价自己、调节自己，从而实事求是地悦纳自己。内部注意对于人的道德、智慧和审美能力的发展也有重要作用。

第二节　幼儿注意的发展

新生儿刚开始接触外部环境就会出现无条件定向反射，这是无意注意发生的标志。幼儿的注意主要是无意注意，但注意的对象逐渐增多。半岁后，幼儿不仅会注意具体事物，也会注意周围的语言刺激。随着言语能力的发展，他们逐渐学会调节自己的心理活动，主动地集中、指向应该注意的事物，有意注意开始萌芽。幼儿前期的有意注意主要是由成人提出的要求引起的。两三岁的幼儿会逐渐依照语言指令组织自己的注意。

一、幼儿无意注意的发展

幼儿的无意注意逐渐发展，趋于稳定。凡是鲜明、直观、生动具体的形象，以及突然变化的刺激物都能引起幼儿的无意注意。但各年龄段的幼儿由于所受教育及生理、心理发展等方面存在差异，其无意注意呈现不同的特点。

（一）小班幼儿的无意注意占明显优势，且不稳定

新奇、强烈及运动的刺激物很容易引起小班幼儿的注意。他们入园后经过一段时间的适应，对于喜爱的游戏或感兴趣的学习活动，也可以聚精会神地参与。但是，他们的注意很容易被其他新奇刺激吸引，也容易转移到新的活动中去。例如，在"抱娃娃"游戏中，幼儿一开始会把自己当成娃娃的妈妈，耐心地"喂饭"，但当他发现其他小朋友正在沙坑里搭"小花园"时，他的注意便一下转移到"小花园"，而走到沙坑去玩了。小班幼儿的注意很不稳定，因此，当一个小班幼儿因为得不到一个玩具而哭闹时，教师可以让他和其他幼儿玩别的游戏，以转移他的注意。这时，他的脸上虽然还挂着泪珠，但是很快就会高兴地玩起来。

（二）中班幼儿的无意注意已进一步发展，且比较稳定

中班幼儿对于感兴趣的活动，能够较长时间地保持注意。例如，玩"拔萝卜"游戏，幼儿一旦进入老师创设的情境就会投入角色中，在游戏中能够根据情节较长时间地保持注意。在区角活动中，中班幼儿对感兴趣的活动，也可以长时间地积极参与。他们的无意注意不仅持久、稳定，而且集中程度较高。

（三）大班幼儿的无意注意进一步发展和稳定

大班幼儿对于感兴趣的活动，能比中班幼儿更长时间地保持注意。直观、生动的教具可以引起他们长时间的探究。中途突然中止他们的活动，往往会引起他们的反感。同样，大班幼儿可以较长时间地听教师讲述有趣的故事，不受外界的干扰，对于影响讲述的因素会明显地表现出不满，而且会设法加以排除。大班幼儿的无意注意已高度发展，相当稳定。

二、幼儿有意注意的发展

幼儿前期已出现有意注意的萌芽，进入幼儿期后，有意注意逐渐形成和发展。有意注意是由脑的高级部位，特别是额叶控制的。额叶的发展比脑的其他部位迟缓，幼儿期额叶的发展为有意注意的发展提供了条件。有了这个条件，幼儿的有意注意在成人的要求和教育下开始逐渐发展，不同年龄的幼儿的有意注意呈现不同的特点。

（一）小班幼儿的注意是无意注意占优势，有意注意只是初步形成

小班幼儿逐渐能够依照要求，主动地调节自己的心理活动，指向并集中于应该注意的事物。但他们的有意注意的稳定性很差，心理活动不能有意地持久集中于一个对象上。在良好的教育条件下，一般也只能集中3～5分钟。此外，小班幼儿注意的对象也比较少。例如，上课时，教师引导幼儿观察图片，他们往往只注意到图片中心十分鲜明或十分感兴趣的部分，对于边缘部分或背景部分常不注意。所以，教师为小班幼儿制作的图片，内容应尽量简单、明了，突出中心。在使用教具时，教师也不能一次呈现过多。此外，教师还要具体指示幼儿应注意的对象，使幼儿明确任务，以延长幼儿注意的时间，并让他们注意到更多的对象。

（二）中班幼儿的有意注意进一步发展

在适宜条件下，中班幼儿注意力集中的时间可达到10分钟左右。在短时间内，他们还可以自觉地把注意力集中于一种并非十分吸引他们的活动上。例如，上图画课时，为了画好图，他们可以集中注意力看范图，耐心地听教师讲解，然后自己作画。又如，为了正确回答教师提出的计算问题，他们能够集中注意力，默数贴在绒布上的图形的数量或点数自己的手指或实物。

（三）大班幼儿的有意注意迅速发展

在适宜条件下，大班幼儿注意力集中的时间可延长到15分钟左右。他们能够按照教师的要求去组织自己的注意。在观察图片时，他们不仅能够了解主要内容，还能在教师的提示下或自觉地关注图片中的细节和背景部分。就外部注意和内部注意来说，大班幼儿不仅

能注意外部的对象，对自己的情感、思想等内部状态也能予以注意。听故事时，他们可以根据自己的体验推测故事中人物的心理活动和内心想法。有时在下课后，他们还会找老师询问一些课堂上的问题以及讲述自己的想象和推测等。这说明大班幼儿的有意注意已有了相当程度的发展。

> **▌案例分析▐**
>
> 　　小班幼儿注意力集中的时间很短，有时课刚上到一半，他们便不认真听讲了。在幼儿园的看图讲述活动中，教师要调动幼儿的积极性，吸引他们注意，更好地完成预定的教学目标，就需要根据幼儿的年龄特点来选择挂图。请结合幼儿注意的发展特点和影响注意的因素等知识，分析应该为小班幼儿选择什么样的挂图，为什么。

三、幼儿注意品质的发展

注意的品质包括注意的稳定性、注意的范围、注意的转移和注意的分配。幼儿注意的品质在良好的教育下可以不断发展。

（一）注意的稳定性

注意的稳定性是指注意保持在同一对象或同一活动上的时间。

影响注意稳定性的因素有以下几种。

1. 对象本身的特点

如果注意的对象内容丰富、复杂多变，注意就容易稳定；反之，那些内容贫乏、单调和静止的对象，就难以维持稳定的注意。

2. 活动的内容及活动的方式

在复杂且持续时间长的活动中，活动的内容和方式必须适当地变化，才能维持稳定的注意。

3. 主体状态

一个意志坚强、善于控制自己的人，一个对事物抱有积极态度、对活动内容有浓厚兴趣、明确目的和任务的人，能和各种干扰做斗争，维持稳定的注意；反之，如果一个人意志薄弱，不明确活动的目的和任务，对活动缺乏兴趣，或处于生病、过度疲劳、心境不佳等不正常的状态，就难以使注意保持稳定。

就幼儿而言，在良好教育的影响下，幼儿注意的稳定性会不断发展。幼儿对于生动有趣的对象可以较长时间地维持注意，但对乏味枯燥的对象难以维持注意。同时，幼儿注意的稳定性还比较差，更难以持久、稳定地进行有意注意。一般而言，小班幼儿只能稳定地注意3～5分钟，中班幼儿可达10分钟，大班幼儿可延长到15分钟左右。

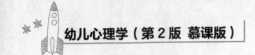

（二）注意的范围

注意的范围也叫注意的广度，是指在同一瞬间所把握的对象的数量。成人在 0.1 秒的时间内，一般能够注意到 4～6 个相互无联系的对象，而幼儿只能注意两三个对象。所以，幼儿的注意广度比较差。不过，随着年龄和知识经验的增长及生活实践的锻炼，幼儿的注意广度会逐渐提高。

影响注意广度的因素包括以下两个。

1. 刺激物的特点

如用极快的速度给幼儿呈现字母，字母颜色相同时，注意广度就大，颜色不同时，注意广度就小；字母排成一行时，注意广度就大，杂乱无章地分散排列时，注意广度就小；字母的大小相同时，注意广度就大，大小不同时，注意广度就小。

2. 活动的任务和幼儿的知识经验

呈现给幼儿的刺激物越集中，排列得越有规律，越能成为互相联系的整体，幼儿的注意广度就越大。教师要适时、恰当地运用这一规律。此外，在开展活动之前，教师应当让幼儿明确活动的任务，丰富幼儿的知识经验。

（三）注意的转移

注意的转移是指有意识地调动注意，使其从一个对象转移到另一个对象上，这反映了注意的灵活性。幼儿还不善于转移注意，小班幼儿更不善于灵活地转移自己的注意，以致其要注意另一对象时，难以将注意从原来的对象移开。大班幼儿则能够根据要求比较灵活地转移自己的注意。

（四）注意的分配

注意的分配是指在同一时间内把注意力集中到两种或几种不同的对象上。例如，幼儿教师在音乐活动中边弹边唱的同时，还要观察幼儿是否积极参与到音乐活动中来，这就属于典型的注意分配。

注意分配的条件包括以下两个方面。

1. 有熟练的技能技巧

也就是说，在同时进行的多项活动中，只能有一种活动是生疏的，需要集中注意该活动，而其余活动必须达到一定的熟练程度，稍加留意即能完成。

2. 同时进行的几种活动之间有一定关系

如果活动之间没有内在联系，同时进行几种活动要困难一些。当它们之间形成某种反应系统，组织得更加有合理性时，注意分配才容易完成。

幼儿还不善于同时注意几种对象，往往顾此失彼。但到了幼儿晚期，他们的注意分配能力逐渐提高。为了更好地促进幼儿的注意分配，老师应当把活动拆分为不同部分，让幼儿分别熟悉，如幼儿在练习体操时，首先要熟悉自己的动作，熟悉音乐节奏，听明白老师的口令，然后才能注意到体操队形整齐与否。

注意对人的生活有极其重要的意义，它使人能随时察觉外界的变化，关注自己的心理活动，正确反映客观事物，更好地适应和改造客观世界。注意在幼儿心理的发展中有更为特殊的意义和价值，能使幼儿从周围的环境中获得更清晰、丰富的信息。注意是幼儿活动成功进行的必要条件。

在整个学前期，尽管幼儿的注意能力在逐渐提高，但由于幼儿生理发展的限制及知识经验的不足，他们的注意力发展水平总体上还很低，特别容易出现注意分散现象。幼儿还不能长时间地把注意力集中在应该集中的对象上，有的甚至表现出多动症的行为。所以，客观分析幼儿注意分散的原因，根据幼儿注意发展的年龄特征，正确应用注意的规律对幼儿进行注意分散的预防，是幼儿教师和家长必须关注的首要问题。

一、幼儿注意分散的原因

幼儿注意分散的原因很多，主要有以下几种。

（一）无关刺激的干扰

幼儿的注意是无意注意占优势。他们容易被新奇、多变或强烈的刺激物吸引，加之注意的稳定性较差，容易受无关刺激的影响。例如，活动室的布置过于繁杂，环境过于喧闹，甚至教师的服饰过于奇异，都可能影响幼儿的注意，使幼儿不能把注意力集中于应该注意的对象上。实验表明，教师让幼儿自己选择游戏时，一般以提供三四种不同的游戏为宜。提供太多的游戏，幼儿既难以选择，也难以集中注意力玩好。

（二）身心疲劳

幼儿神经系统的机能还未充分发展，长时间处于紧张状态或从事单调的活动，便会产生疲劳，出现"保护性抑制"，起初表现为没精打采，随之注意开始分散。所以，教师在开展幼儿的教学活动时要注意动静搭配，时间不能过长，内容与方法要力求生动多变，能激发幼儿的兴趣，从而防止幼儿疲劳和注意分散。

造成幼儿疲劳的另一重要原因是缺乏科学的作息规律。有的家长不重视幼儿的作息规律，晚上让幼儿花很长时间看电视，或让幼儿和成人一样晚睡，导致幼儿睡眠不足。许多幼

儿双休日回家后，父母为他安排过多的活动，如上公园、逛商店、访亲友等，打破了他原来的作息规律，使幼儿得不到充足的休息，而且过分兴奋。正像一些调查表明的那样，幼儿在星期一情绪最难稳定，注意常常分散，这对其学习和活动极为不利。

（三）目的要求不明确

有时教师对幼儿提出的要求不具体，或者活动的目的不能为幼儿所理解，也是引起幼儿注意分散的原因。幼儿在活动中常常因为不清楚应该干什么而左顾右盼，无法积极从事相应的活动。

（四）注意品质有待完善

幼儿注意的转移品质还没有充分发展，因而幼儿不善于依照要求主动调动自己的注意，在注意过程中稳定性也存在不足，或只注重局部细节而忽略整体。例如，幼儿听完一个有趣的故事，可能长久地受到某些生动的内容情节的影响，注意难以迅速地转移到新的活动上去，因而在从事新的活动时，往往还惦记着故事的内容情节而出现注意分散现象。教师应灵活应用无意注意和有意注意，使两者有机结合。一方面，在活动中用新奇、优美的语言、抑扬顿挫的语调、引人入胜的故事情节等来引起幼儿的无意注意。另一方面，要调动幼儿的有意注意，培养幼儿的间接兴趣，明确活动的目的与要求，让幼儿长时间地主动集中注意力。只有这样才能避免幼儿身心疲劳、注意分散。

二、防止幼儿注意分散的方法

针对幼儿注意分散的原因，教师应采用适当措施防止幼儿注意分散，主要包括以下几个方面。

（一）消除无关刺激

教师在开展游戏活动时不要一次呈现过多的刺激物，上课前应先把玩具、图书等收起放好，上课时使用的挂图等教具不要过早呈现，用后应立即收起，对幼儿更不要一次使用过多的教具。教师本身的装束要整洁大方，不要有过多的装饰。英国牛津大学教育心理学家的研究表明：玩具太多容易分散幼儿的注意，而当他们注意力不集中时，就不能更好地学或玩。过多的图书或玩具会造成刺激过剩，幼儿一会儿玩玩这个，一会儿玩玩那个，那什么活动也开展不起来，什么也玩不长。留下适当数量的活动材料，其余的都收起来，不仅常玩常新，也有利于幼儿注意的培养。幼儿玩具应该少而精。

（二）制订合理的作息制度

家长应制订合理的作息制度，使幼儿得到充足的睡眠和休息。晚间不要让幼儿多看电视，或看得太晚；周末不要让幼儿外出玩得太久。要使幼儿的生活有规律，保证他们有充沛的精力从事学习等活动，防止其注意分散。

（三）尊重注意规律

1. 注重幼儿注意品质的发展

幼儿的活动时间不宜过长，避免集体教育活动单调重复，尊重幼儿注意稳定性的发展规律；活动应繁简得当、环节清晰，有利于幼儿注意的分配与转移；呈现给幼儿的图片、教具等应当生动有趣、排列整齐、大而清晰，且易为幼儿理解，这样有利于幼儿注意范围的扩大。

2. 有意注意和无意注意有机结合

教师可以运用新颖、多变、强烈的刺激，激发幼儿的无意注意。但无意注意不能持久，而且学习等活动也不是仅靠无意注意就能完成的。因此，教师还要培养和激发幼儿的有意注意。教师可向幼儿讲明学习和做其他活动的意义和重要性，说明必须集中注意力的道理，让幼儿逐渐能主动地集中注意力，即使对不十分感兴趣的事物也能努力注意，自觉地防止分心。教师应灵活运用两种注意形式，使幼儿能持久地集中注意力。

3. 养成良好的注意习惯

家长、教师应培养幼儿集中注意力学习、游戏的良好习惯，使他们在学习或参加其他活动时不要随便行动或漫不经心。成人也不要随便干扰幼儿，使他们在实践活动中养成集中注意力的习惯。同时，家长、教师不要反复向幼儿提要求，向幼儿提要求或嘱咐时，要言简意赅、主题鲜明、具体形象。

（四）合理安排教育活动

合理安排教育活动，提高集体教育活动的质量，是防止幼儿注意分散的重要保证。教师要多方面改善活动内容，改进活动方法；使用的教具要清晰、生动、色彩鲜明，能吸引幼儿的注意；展示的图片要突出中心，主题与背景对比鲜明；语言要形象生动，能够让幼儿理解。此外，教师要积极激发幼儿的兴趣，激发他们旺盛的求知欲和好奇心，以及良好的情感态度，以促进他们持久集中注意力，防止注意受到干扰而涣散。

三、幼儿多动现象

幼儿多动和幼儿多动症有着本质的区别，幼儿教师在面对多动的幼儿时，切忌给幼儿贴上"多动症"的标签。

（一）多动

在幼儿园，一些幼儿特别好动，注意容易分散，不仅影响自己的学习，还会破坏全班

的教学秩序。这些多动的幼儿，常常因为周围细小的动静而不能集中注意力。他们玩积木、画图、听故事时，即使感到有兴趣，也只能在短时间内集中注意力。他们参加游戏时，往往不注意听教师讲解游戏规则，所以在游戏开始后常常不知道怎样玩，甚至会妨碍游戏的进行。而在语言课、计算课等学习活动中，这些幼儿注意分散的现象更加明显。他们往往不能按照要求专心参加各种活动，专心听讲的时间很短暂，难以维持自己的注意。他们有时两眼盯着教师，貌似集中注意力，实际上在开小差，根本没有听讲。当大家举手回答问题时，他们也会举起手来，但让他们回答时，他们便感到茫然，不知如何回答。只有当教师严格要求和不断督促时，他们才能把注意力集中得稍久一些。

（二）多动症

多动症是注意缺陷多动障碍的俗称，指发生于幼儿时期，与同龄幼儿相比，以明显的注意力集中困难、注意持续时间短暂、活动过度或冲动为主要特征的综合征。多动症是在幼儿中较为常见的一种障碍，其主要症状表现为以下几个方面。

1. 注意缺陷

该障碍患儿注意力集中时间短暂，注意易分散，他们常常不能把无关刺激过滤掉，对各种刺激都会产生反应。因此，患儿在听课、做作业或做其他事情时，注意常常难以保持，好发愣走神。

2. 活动过度

活动过度是指与同年龄、同性别的大多数幼儿比，此类幼儿的活动水平超出了与其发育相适应的应有的水平。这类幼儿常常一刻不停地运动，在一些应该安静的场合也爬上爬下、跑来跑去，甚至大声喧哗，我行我素。

3. 好冲动

该障碍患儿做事较冲动，不考虑后果。因此，患儿常常会不分场合地插话或打断别人的谈话；会经常打扰或干涉他人的活动；老师问话未完，会经常未经允许而抢先回答；会常常登高爬低而不考虑危险；会鲁莽冲动给他人或自己造成伤害。患儿也常常情绪不稳定，容易过度兴奋，也容易因一点儿小事而不耐烦、发脾气或哭闹，甚至出现反抗和攻击性行为。

4. 认知障碍和学习困难

部分该障碍患儿存在空间知觉障碍、视听转换障碍等。虽然患儿智力正常或接近正常，但由于存在注意障碍、活动过度和认知障碍，患儿常常出现学习困难，学业成绩常明显落后于智力应有的水平。

5. 情绪行为障碍

部分该障碍患儿因经常受到老师和家长的批评及同伴的排斥而出现焦虑和抑郁。这类幼儿往往行为冲动，情绪不稳定。

结合以上论述，判断幼儿是否患有多动症不能仅凭主观臆断和简单的自然观察。幼儿教师要全面综合幼儿的生活史、医学临床观察、科学严密的心理测试及神经系统的全面检查而做出判断。幼儿教师需要从幼儿在幼儿园的活动来确定幼儿注意分散的原因，并且要和家长做好沟通。注意容易分散和多动症有医学上的本质区别，切不可把注意力不易集中的幼儿视为多动症患者，否则不仅不能使幼儿改正其行为的缺点，反而会使幼儿从小被贴上多动症的标签，进而影响他们以后心理的健康发展。幼儿教师要审慎对待多动的幼儿，要更加重视幼儿的注意分散现象，分析和确定其原因，针对幼儿注意发展的特点，根据幼儿园教育活动的规律合理组织各种教育活动；同时做好家园合作，动员家长积极配合，共同消除分散幼儿注意的因素，促进幼儿注意的健康发展。

本章思考与实训

一、思考题

（一）单项选择题

1. 小朋友在做游戏时，突然看到一只漂亮的蝴蝶，这时他们停止了游戏而开始关注蝴蝶。这种现象属于（　　　）。

　　A. 注意的分配　　　B. 注意的分散　　　C. 注意的转移　　　D. 注意的广度

2. 一个司机一边听音乐一边开车。这种现象属于（　　　）。

　　A. 注意的分配　　　B. 注意的分散　　　C. 注意的转移　　　D. 注意的广度

3. 上完数学课后，学生接着要上语文课，这时他们要关注语文课的内容。这种现象属于（　　　）。

　　A. 注意的分配　　　B. 注意的分散　　　C. 注意的转移　　　D. 注意的广度

4. 一个交警一眼认准了一辆违章车辆的车牌号（这个车牌号包括1个汉字、1个英文字母和5个数字）。这种现象属于（　　　）。

　　A. 注意的分配　　　B. 注意的分散　　　C. 注意的转移　　　D. 注意的广度

（二）问答题

1. 简述注意与人的心理活动之间的关系。

2. 结合幼儿注意的发展特点谈谈如何组织幼儿的活动。

二、案例分析

雯雯已经4岁了，做事容易分心。幼儿园老师说她经常会一个人发呆，不知道在想什么，做事总是磨磨蹭蹭，需要老师不时地提醒。而且，她在家也做事拖拉，总要大人不停地提醒和催促，不然她就忘了需要做的事而去玩了。

如果雯雯是你班上的孩子，请你想一想应该怎么做？

三、章节实训

1. 实训要求

请选择一个班级，设计一个符合该班幼儿注意特点的观察记录表。填写记录表，并

根据记录结果提出防止幼儿注意分散的措施。

2．实训过程

（1）6人组成一个小组。

（2）分工合作，设计一个表格。

（3）从不同的角度记录某个幼儿的注意分散情况，如集体活动、游戏、区角活动等。

（4）提出防止措施。

（5）评估这种措施的科学性与实用性。

3．样表

幼儿姓名		班级		观察者	
项目/实施	具体表现	原因分析	防止措施	效果	备注
集体活动					
游戏					
区角活动					
就餐					

第三章

幼儿的感觉和知觉

【本章学习要点】

1. 理解感觉和知觉的概念，了解感觉和知觉的种类与作用。
2. 理解并掌握感觉和知觉的发展，了解感觉和知觉规律在幼儿活动中的应用。
3. 明确如何培养幼儿的观察力。

【引入案例】

丁丁妈妈最近经常为穿鞋子的事情批评丁丁："你这么大了，都上幼儿园了，还总是穿错鞋子，左脚和右脚明明就不一样，穿反了肯定不舒服。你用眼睛稍微观察一下就知道哪只应该穿左脚，哪只应该穿右脚。"丁丁拿着鞋，看来看去也看不明白是怎么回事。

问题：丁丁为什么会出现这种情况呢？妈妈的批评有没有道理？幼儿教师应该采取什么办法来提高幼儿的知觉水平？

人的心理是人脑对客观现实的反映，客观现实是丰富多彩的，人的心理也必然是复杂多样的。感觉和知觉是人对客观世界认识的开始，是比较简单却又十分重要的心理。人在感觉和知觉的基础上，才能形成记忆、想象、思维等一系列复杂的心理过程，才能更进一步认识客观事物。

第一节　感觉和知觉概述

感觉和知觉是人们认识世界的开始，了解感觉和知觉的概念、种类和作用，有利于我们更好地理解和掌握感觉和知觉的规律及幼儿感觉和知觉的发展，并在教育实践中合理运用。

一、感觉和知觉的概念

> **┃ 小思考 ┃**
>
> 什么是感觉？什么是知觉？它们在人的心理发展中有什么作用？

（一）感觉的概念

感觉是人脑对直接作用于感受器的客观事物的个别属性的反映。例如，对于桌子，颜色、凉、光滑、硬等都是它的属性，这些个别属性在我们头脑中的反映就是感觉。

客观事物具有不同的颜色、声音、味道、温度等属性，当它们直接作用于感受器时，各种感受器能够区别出适宜的刺激，从而使大脑产生对客观事物个别属性的反映，这种反映就是感觉。通过感觉，我们能获得关于客观事物的颜色、声音、味道、冷热、粗糙或光滑等感觉信息。感觉除了反映外界事物的个别属性外，还反映机体内部状况。例如，通过感觉，我们可以获得有关自身的位置、运动、姿势以及机体内部器官的活动状态等的感觉信息。

总之，感觉离不开直接作用于感觉器官的客观事物的个别属性，离不开接受刺激的感受器以及最终形成感觉的神经系统和脑的活动。感觉是一种比较简单的心理过程。

▌知识拓展▐

感受器的适宜刺激

人的各种感受器是在漫长的进化过程中发展而成的，分别反映客观事物的不同属性，如视觉感受器专门反映客体的光刺激，听觉感受器专门反映客体的声刺激。能够引起某种感受器产生反应的刺激，就是该种感受器的"适宜刺激"。但是客观事物必须直接作用于感受器，影响人脑，才能产生感觉；一旦客观事物停止作用于感受器，感觉便不再产生。

（二）知觉的概念

知觉同感觉一样，也是人脑对直接作用于感受器的客观事物的反映，但不是对事物个别属性的反映，而是把事物的各个属性有机地结合起来，使之成为一个整体，对事物整体的反映。我们看到了猴子的动作、皮毛颜色，又听到了猴子的叫声，在头脑中就形成了猴子的总体形象，进而产生了对猴子的知觉。

在实际生活中，事物直接作用于感受器时，人们头脑中反映的不仅是事物的个别属性，也包括事物整体。例如，幼儿面前有一朵花，他们并非孤立地反映它的红色、香味、多刺的枝干……而是通过脑的分析与综合活动，从整体上同时反映出它是一朵玫瑰花。

所以，我们在现实中对事物进行反映时，往往感觉到事物的个别属性，也就拥有了对这一事物整体的知觉。我们不可能离开事物的整体去感觉它的个别属性，因而很少有纯粹的感觉。我们常常把感觉和知觉合称为感知觉。

不过我们应当了解，在心理学的意义上，感觉和知觉是有严格区别的，它们是不同的心理过程。感觉是对事物个别属性的反映，知觉是对事物整体的反映，即对事物的各种不同属性、各个不同部分及其相互关系的综合反映。

感觉是知觉的基础，没有感觉就不可能有知觉。可是知觉比感觉复杂得多，不能把知觉归结为感觉的机械总和，各种感觉一旦构成知觉，便有机地发生联系。知觉除反映事物的个别属性外，还反映事物个别属性之间的关系和联系。例如，音乐曲调实际上是由许多单音组成的，但它听起来之所以是完整的旋律而不是许多单音的简单拼凑，是因为各个单音之间具有不同的关系，于是有机地形成了整体。由此可见，个别属性之间的关系和联系在知觉活动中具有重要意义。

另外，知觉还包含其他一些心理成分。例如，经验及人的倾向性常常融入知觉活动中，因而当我们知觉一个对象时，可以用词说出对象的名称，对同样一个对象可以做出不同的反映。例如，对一棵松树，画家知觉它为写生的对象，着重反映它的姿态、造型；而樵夫知觉它为柴火，兴趣在于砍它烧火。

二、感觉和知觉的种类

根据感觉的感受器和知觉的分析器，我们可以对感觉和知觉进行分类。

（一）感觉的种类

感觉是客观事物直接作用于相应的感受器时，人脑对其个别属性的反映。根据引起感觉的适宜刺激的性质和刺激所作用的感受器，我们可以把人类的感觉分成8种，如表3-1所示。

表 3-1　感觉的种类

感觉的种类	适宜刺激	感受器	反映属性
视觉	400～760 纳米的光波	视网膜的视锥细胞和视杆细胞	黑、白、彩色
听觉	16～20 000 赫兹的声波	耳蜗的毛细胞	声音
味觉	溶于水的有气味的化学物质	舌、咽上的味蕾的味细胞	甜、酸、苦、咸等味道
嗅觉	有气味的挥发性物质	鼻腔黏膜的嗅细胞	气味
肤觉	物体机械的、温度的作用或伤害性刺激	皮肤和黏膜上的冷点、温点、痛点、触点	冷、温、痛、触
运动觉	肌肉收缩，身体各部分位置变化	肌肉、筋腱、韧带、关节中的神经末梢	身体运动状态、位置变化
平衡觉	身体位置、方向的变化	内耳、前庭和半规管的毛细胞	身体位置变化
机体觉	内脏器官活动变化时的物理或化学刺激	内脏器官壁上的神经末梢	身体疲劳、饥、渴和内脏器官活动不正常

以机体觉为例，它反映的是机体的内部状态，适宜刺激是内脏器官活动变化时的物理或化学刺激，感受器是内脏器官壁上的神经末梢。例如，胃内食物过多便感到饱胀，食物过少便感到饥饿。

（二）知觉的种类

1. 根据知觉活动中起主导作用的分析器分类

根据知觉活动中起主导作用的分析器，我们可以把知觉分为视知觉、听知觉、味知觉、嗅知觉和触知觉等。当然，在有些知觉活动中，几种分析器同时起主导作用。例如看电影时，视知觉和听知觉同时起主导作用，形成"视—听"知觉。

2. 根据知觉对象的性质分类

根据知觉对象的性质，知觉又可以分为物体知觉和社会知觉。

（1）物体知觉

这是对事物的知觉。任何事物都在一定的空间和时间中运动，都具有空间特性、时间特性和运动特性。我们可以从空间特性、时间特性和运动特性方面感知事物，因此可以把物体知觉分为空间知觉、时间知觉和运动知觉。

空间知觉是反映事物的形状、大小、距离、方位等空间特性的知觉。通过空间知觉，我们可以认识事物的形状、大小、远近及上下、左右、前后等方位。

时间知觉是反映客观现象的持续性、速度和顺序性的知觉。通过时间知觉，我们可以认识各种现象的时间距离、时间关系等。

运动知觉是反映事物的空间位移和位移快慢的知觉。通过运动知觉，我们可以分辨事物的静止或运动状态以及运动的速度。

（2）社会知觉

这是对人的知觉。社会知觉主要包括对他人的知觉、人际关系的知觉和自我知觉。对他人的知觉是指通过社会性刺激，如外貌、语言、表情、姿态等，对他人心理面貌的知觉。人际关系的知觉是对人与人之间关系的知觉。自我知觉是指通过自己的言行、思想体验等对自己的知觉。

三、感觉和知觉的作用

感觉和知觉不仅是人类认识事物的开端，而且对于人类的生存和发展具有不可替代的作用。

（一）感觉和知觉是认识的开端

人对客观世界的认识是从感觉和知觉开始的，从理论上说是从对客观事物的个别属性的认识开始的。通过感觉和知觉，人们获得了关于周围事物的特性及自己身体方面的最初感性知识。假如没有感觉和知觉，人就不能获得任何知识，"任何知识的来源，在于人的肉体感官对客观外界的感觉"。

幼儿的感觉和知觉是幼儿认识世界、增长知识的门户。幼儿是世界的新客，周围许多事物对他们来说都是陌生的、新鲜的，都有待认识。而幼儿认识新事物不能像成人那样，看一下书或听别人介绍，就可以对事物有初步的认识；幼儿需要用各种感官去接触事物，对事物进行直接的感知才能认识它们。例如，对于苹果、葡萄、核桃的不同，幼儿是在亲眼看一看、亲手摸一摸、亲口尝一尝中认识的；幼儿把木块和铁钉放到水里，看到木块总是浮在水面，而铁钉总是沉到水底，久而久之就逐渐懂得了物体沉浮和物体重量的关系；幼儿在夏天看见天空出现了乌云，感觉到很闷热，随之闪电霹雳，又听到雷声轰隆，继之大雨瓢泼而下，这一情况反复多次，他们就知道了下雨前的一般征兆。正是因为幼儿对新事物的认识总是从感觉和知觉开始的，所以人们通常称感觉和知觉是幼儿心灵的门户，是幼儿认识的开端。

（二）感觉和知觉是一切心理的基础

感觉和知觉是比较简单的心理过程，却给高级、复杂的心理过程提供了必要基础。记忆、想象、思维等高级的心理过程都建立在感觉和知觉的基础之上。感觉和知觉不仅是幼儿认识的开端，也是幼儿其他较复杂、高级的心理过程发展的基础。如果没有感觉和知觉为记忆、想象、思维等提供感性材料，幼儿就不可能产生、发展他们的记忆、想象和思维等。例如，幼儿只有看见过各种各样的苹果、橘子、梨、桃及西瓜等，才可能在脑中留有它们的形象，产生"红红的脸盘像苹果"之类的想象，也才可能掌握"水果"这个概念，做出"这是苹果""西瓜是绿色的""橘子是一种水果"等判断。因此，要发展幼儿的记忆、想象和思维，提高他们的智力水平，首先要发展他们的感知能力，从发展感知能力入手促进幼儿整体智力水平的发展。

（三）感觉和知觉的信息维持着有机体与环境之间的平衡

人类为了适应环境，必须保持一种信息平衡。信息过载或不足，甚至感觉隔绝都会造成严重的机能障碍。强光和噪声对人心理的影响是人所共知的，而如果剥夺了一个人的感觉，让他完全不能感受外界刺激，也会损害他的心理机能。

▌ 知识拓展 ▌

感觉剥夺实验

1954年，加拿大麦吉尔大学的心理学家首先进行了感觉剥夺实验：实验中给被试戴上半透明的护目镜，使其难以产生视觉；用空气调节器发出的单调声音限制其听觉；给手和手臂戴上手套和纸筒套袖，用夹板固定腿脚，限制其触觉。被试单独待在实验室里，几小时后开始感到恐慌，进而产生幻觉……在实验室连续待了三四天后，被试会产生许多病理心理现象：出现错觉、幻觉，注意力涣散、思维迟钝，紧张、焦虑、恐惧等。实验结束后一段时间，他们方能恢复正常。

实验表明，人在清醒时需要不断地通过感觉与外界保持直接、经常的联系，不断获得适量的信息。感觉虽然是一种简单的心理过程，却十分重要。它不仅向大脑提供内外环境的各种信息，而且可以使人了解外界事物的各种属性，维持有机体与环境之间的平衡，是认识的开端、知识的源泉。以上实验可以证明刺激和感觉对于任何人来说都是必不可少的，对于一个正常人来说，没有感觉的生活是不可忍受的。

幼儿的感觉和知觉处在迅速发展阶段。幼儿期，分析器的外周部分即各种感受器已发展完善，相应的神经中枢部分还在继续发展，为幼儿感觉和知觉的发展提供了生理前提。幼儿园有计划地进行的感觉和知觉培养，更是直接促进了幼儿的各种感觉与知觉的完善。幼儿在视觉、听觉、运动觉等主要感觉及空间知觉、时间知觉、社会知觉等知觉方面都有发展。

一、幼儿感觉的发展

幼儿感觉的发展包括以下 3 个方面。

（一）视觉

幼儿视觉的发展，主要表现在视敏度和辨色能力两个方面。

1. 视敏度

视敏度是指幼儿分辨细小物体或远距离物体细微部分的能力，也就是人们通常所称的视力。

有人认为幼儿年龄越小视力越好，事实并非如此。幼儿初期到幼儿晚期，幼儿的视敏度由低到高发展。例如，研究者对 4~7 岁的幼儿进行调查，调查时使用一种视力测试图，图上有许多带有小缺口的圆圈，测量幼儿最远站在什么距离可以看出圆圈上的缺口。距离越远，视敏度越好。调查的结果是，4~5 岁幼儿的平均最远距离为 2.1 米，5~6 岁幼儿的平均最远距离为 2.7 米，而 6~7 岁幼儿为 3 米。如果把 6~7 岁幼儿的视敏度的发展程度看作100%，则 5~6 岁幼儿约为 90%，4~5 岁幼儿约为 70%。可见，随着幼儿年龄的增长，视敏度也在不断提高，不过发展速度不是均衡的，5~6 岁和 6~7 岁幼儿的视敏度水平比较接近，而 4~5 岁和 5~6 岁幼儿的视敏度水平相差较大。

2. 辨色能力

幼儿的辨色能力有如下发展趋势。

在幼儿初期，幼儿已经能够初步辨认红、黄、绿、蓝等基本色，但在辨认混合色与近似色，如橙与紫、橙与黄、蓝与天蓝时往往较为困难，同时难以完全正确地说出颜色的名称。

在幼儿中期，大多幼儿已能区分基本色及其近似色，并一般能够说出基本色的名称。

在幼儿晚期，幼儿不仅能认识颜色，画图时还能运用各色颜料调出需要的颜色，而且一般能正确地说出黑、白、红、蓝、绿、黄、棕、灰、粉红、紫、橙等颜色的名称。

幼儿园必须为幼儿提供色彩丰富的环境。在教学和游戏中，教师应指导幼儿认识和辨

别各种颜色，并用颜料调配各种颜色，同时把颜色名称教给幼儿，这样对幼儿辨色能力的发展有直接的促进作用。

（二）听觉

幼儿通过听觉不仅能辨别周围事物发出的各种声音，从而认识周围环境、确定行为方向，而且能辨认周围的人发出的语音，进而了解语义，促进言语能力发展。听觉的发展对幼儿的智力发展具有重要意义。

1. 纯音听觉

在幼儿期，幼儿辨认一般声音的纯音听觉的感受性正在发展。

研究表明，幼儿纯音听觉的感受性在 6～8 岁时提高了一倍，而且在 12 岁之前纯音听觉的感受性一直在发展。

在幼儿期，音乐教学及音乐游戏都能促进幼儿纯音听觉感受性的发展。

2. 言语听觉

幼儿的言语听觉也在发展。研究发现，4～7 岁幼儿的纯音听觉敏锐度和言语听觉敏锐度之间的差别程度，要比成人的差别程度大；而且年龄越小，差别程度越大。这种差别之所以存在，主要是因为语言比较复杂，幼儿仅仅能感知词的声音，还不一定能辨别语言。

幼儿进入幼儿园后通过言语交际和幼儿园语言教育，言语听觉明显有所发展。在幼儿中期，幼儿可以辨别语言的微小差别，到幼儿晚期几乎可以毫无困难地辨别母语包含的各种语音。

> **知识拓展**
>
> **幼儿的听觉缺陷——重听**
>
> "重听"是幼儿比较常见的一种听觉缺陷。"重听"现象就是有些幼儿对别人说的话听得不清楚、不完全，但他们常常能根据说话者的面部表情、嘴唇动作及当时的情境猜到说话的内容。对于"重听"现象，人们往往容易疏忽，但"重听"会给幼儿的言语听觉、言语及智力发展带来危害，家长和教师必须加以重视。
>
> 幼儿教师要注意幼儿听觉方面的缺陷，幼儿园应经常进行听力检查。对于存在听觉缺陷的幼儿，幼儿教师一方面要加强其听力训练，另一方面要注意多加照顾。

（三）运动觉

在幼儿期，幼儿运动觉的感受性不断提高。

运动觉和皮肤觉的结合，可以使人在触摸中感知物体的大小、形状、轻重、软硬、弹性、光滑或粗糙等属性。这种感觉在幼儿很小时就发展起来了。在幼儿期，这种感觉的感受性逐渐提高。例如，实验中要求幼儿不看而用手掂量并估计物体的重量，结果发现，4 岁幼儿对物体重量的估计，错误率达 90%；而 7 岁幼儿的错误率明显降低，只有 26%。另外，4

岁幼儿估计重量多用同时比较两个物体的方法，而 7 岁幼儿可以采用先估计一个、再估计另一个的相继比较的方法。

此外，反映唇、舌、声带等言语器官运动的言语运动觉也在幼儿接受教育的过程中不断发展。

▌知识拓展▐

促进幼儿视觉发展的活动设计——摆放树叶

活动目的：通过摆放树叶，让幼儿对形状产生一定的认识，促进其视觉的发展。

活动用具：收集到的树叶、胶水、线、纸。

活动过程

（1）让幼儿按树叶的形状对树叶进行分类。

（2）给出一个简单的形状，让幼儿把树叶摆成这种形状，并把它们粘贴在纸上面。

（3）让幼儿自由发挥想象，按自己的想法摆放树叶。

给教师的建议：要求幼儿描述他们自己摆放的形状，不会描述的，教师要给予帮助指导；尽可能引导幼儿发挥想象力，摆出更多的形状来；注意用具的使用，防止幼儿误吞。

二、幼儿知觉的发展

幼儿知觉的发展包括以下几个方面。

（一）空间知觉

空间知觉包括方位知觉、距离知觉和形状知觉等。在幼儿期，幼儿的各种空间知觉明显发展。

1. 方位知觉

方位知觉即对自身或物体所处方位的知觉，如对上、下、左、右、前、后、东、西、南、北的辨别。

一般情况下，3 岁幼儿仅能辨别上、下方位，4 岁幼儿开始能辨别前、后方位，5 岁幼儿开始能以自身为中心辨别左、右方位，6 岁幼儿虽能完全正确地辨别上、下、前、后 4 个方位。许多研究认为，左、右方位的相对性要到七八岁后方能掌握。

幼儿方位知觉发展的顺序为上、下、前、后、左、右，而左、右方位的辨别是从以自身为中心逐渐过渡到以其他客体为中心的。所以，教师要求幼儿使用左右手或左右脚、腿做动作时，或者要求幼儿向左右转时，要考虑其方位知觉的发展特点，做出正确示范。例如，要让面对面站立的幼儿举起右手，教师示范时要举起左手，或者举出具体的事实

加以说明，如说"伸出右手，就是伸出拿汤匙的那只手"，不要抽象地说"左右"，以免引起混乱。

2. 距离知觉

距离知觉是对物体距离远近的知觉。

幼儿对他们熟悉的物体或场地可以区分出远近，对于比较陌生的空间则不能正确认识。

幼儿对于透视原理还不能很好掌握，不熟悉"近物大，远物小""近物清晰，远物模糊"等感知距离的视觉信号。所以，他们画画时也是远近大小不分的，还不善于把现实中物体的距离、位置、大小等空间特性在图画中正确表现出来，也往往不能正确判断图画中人物的远近位置。例如，他们会把画中表示在远处的树看成小树，把表示在近处的树看成大树。

为了促进幼儿距离知觉的发展，教师应该教他们一些判断远近的线索。例如，两个物体是重叠的，则前面的物体在近处，被挡着的物体在远处。又如在画图时，同样大小的两个物体，在近处的要画得大些、清楚些，在远处的要画得小些、模糊些。教师还可以引导幼儿在现实生活中分析、比较或用实际动作来配合判断，如用手比一比，走几步量一量，结合动作练习目测等。

3. 形状知觉

形状知觉是对物体几何形体的知觉。

幼儿的形状知觉逐年发展。一般来说，小班幼儿已能正确地辨别圆形、三角形、长方形和正方形；中班和大班幼儿除了辨别以上4种图形外，还可以进一步掌握梯形、半圆形、菱形、椭圆形等其他平面图形和球体、正方体、长方体等立体图形。

（1）幼儿辨认物体平面形状的能力，在学前教育的影响下随年龄增长而提高。幼儿认识形状的数量逐渐增多，正确辨认的概率逐年提高。

（2）幼儿辨认形状时，"配对"（对各种形状做直觉具体的辨认）最容易，"指认"（依照形状名称找出该形状）次之，"命名"（说出各种形状的名称）最难。幼儿辨认形状的关键在于掌握形状名称。

（3）幼儿掌握 8 种图形的难易顺序依次为圆形、正方形、三角形、长方形、半圆形、梯形、菱形和平行四边形。圆形最易被幼儿掌握。

（4）对幼儿进行形状教学需要注意以下三个方面：①小班幼儿应能正确掌握圆形、正方形、三角形、长方形；②中班幼儿应能正确掌握圆形、正方形、三角形、长方形、半圆形、梯形；③大班幼儿应能正确掌握圆形、正方形、三角形、长方形、半圆形、梯形，并在适当指导下能辨认菱形、平行四边形和椭圆形。

总体来说，幼儿的空间知觉有明显发展，但还不精确。他们只能辨别物体比较明显的空间特性，还不能分清一些细微的差异。幼儿空间知觉的发展是在实践活动及教育的影响下实现的。教师要通过计算、绘画、泥工等教学活动以及拼板等玩具为幼儿提供认识空间特性的机会，教会幼儿关于空间特性的词语，使幼儿的空间知觉不断发展。

（二）时间知觉

时间知觉能够反映客观现象的持续性、顺序性和速度。实际上，人们是通过某种衡量时间的媒介来反映时间的。

幼儿进入幼儿园这一活动本身，就能促进幼儿时间知觉的发展。幼儿知道要快些吃饭，好早些去幼儿园；星期天不上幼儿园等。但幼儿时间知觉的发展水平比较低，原因是时间知觉没有直观的物体供感受器直接感知，不像空间知觉那样有具体的依据。另外，表示时间的词又往往具有相对性，这对于思维能力尚未发展完善的幼儿来说较难掌握。

在幼儿初期，幼儿已有一些初步的时间概念，这往往和他们具体的生活活动相联系。例如，他们理解的"早晨"就是指起床的时候，"下午"就是指妈妈来接自己回家的时候。他们对于一些带有相对性的时间概念，如"昨天""今天""明天"等就难以正确掌握。一般来说，他们只懂得现在，不理解过去和将来。

在幼儿中期，幼儿可以正确理解"昨天""今天""明天"，也能运用"早晨""晚上"等词，但对于较远的时间，如"前天""后天"等还不能理解。

在幼儿晚期，幼儿可以辨别"昨天""今天""明天"，也开始能辨别"大前天""前天""后天""大后天"，能分清上午、下午，知道今天是星期几，知道春、夏、秋、冬，但对更短的或更远的时间就难以分清。

幼儿对时间单位不能正确理解，如6岁的幼儿还不能真正理解"一分钟""一小时""一个月"等的意义。

幼儿的言语中常常会出现一些有关时间的词语，如"去年""星期天"等，但他们往往会用错，不能理解它们的实际含义。例如，幼儿说"明天我到玄武湖去玩"，实际上要表达的是"昨天"去玩的。又如，幼儿说"我过年的时候买的"，实际上并没有正确表达时间。

（三）社会知觉

社会知觉是对人的知觉。幼儿的活动范围逐渐扩大，和周围人的交往日益增多；幼儿进入幼儿园后参加集体活动，受到集体教育，这些都促进了幼儿社会知觉的发展。总体来说，幼儿不论对他人的知觉或对自己的知觉都有明显发展。

幼儿对他人的知觉，首先表现在对集体的知觉。初入幼儿园的幼儿还没有明显的集体意识，有些幼儿虽然曾在托儿所和其他幼儿共同生活过，但还不懂得自己和集体的关系，不懂得自己是集体的一员，不理解自己对集体的作用。入园后，在有组织的游戏和学习等集体活动中，在教育的影响下，幼儿逐渐理解自己和集体的关系，因而积极参加集体活动，而且努力为小组和全班争取荣誉。例如，不怕累，做好值日工作，为小组赢取红旗；上课不讲话，不随便走动，使全班在比赛中获得荣誉；同时也为集体得到表扬而高兴，为集体比赛失利而焦急。这说明幼儿对集体的知觉有了明显发展。

幼儿入园前和别人的接触面比较狭窄；入园后，和别人的交往增多，形成了比较广泛的人际关系。幼儿在人际交往中关系最密切的是教师，尤其和班上的教师特别亲近。他们一般最听教师的话，认为教师的话代表绝对权威，往往胜过父母的话。

此外，幼儿入园后，逐渐和同班的小朋友交往，建立了一种新的人际关系；但最初的友谊并不深刻，也不持久。他们凑在一起就来往交谈、共同游戏，游戏结束就各自分开。在教师的组织和教导下，幼儿逐渐组成一个集体，懂得团结友爱、关心别人，不争夺玩具，还会把喜爱的玩具让给别人；能够帮助别人，看到小弟弟、小妹妹跌倒了知道搀扶、安慰他们。在幼儿中晚期，他们逐渐和兴趣爱好相同的小朋友建立起比较稳定的友谊，常在一起游戏、学习。

幼儿的自我意识在幼儿期之前就已经开始发展，进入幼儿期后继续发展。幼儿喜欢得到成人的赞扬、尊重，不喜欢受批评；幼儿受到赞扬便感到愉快，受到批评便感到羞愧。但这种感受往往并不持久，容易平息而且容易忘记，因而幼儿不容易自觉地发扬优点、克服缺点。

处于幼儿初期的幼儿还不会评价自己，完全听信成人的评价，成人说"乖"便高兴，成人说"不乖"就感到委屈或者会哭起来；幼儿中期时，幼儿逐渐认识自己，逐渐能自己评估自己；到了幼儿晚期，幼儿受到不公正的批评会感到不满，而且会提出异议。例如，父母批评幼儿"不听话"时，他会争辩说："我听老师的话。"

幼儿的独立性和自觉性也在逐渐发展。例如，在游戏中，幼儿逐渐能自己想办法、出主意；在学习中，能积极完成教师要求的任务，如有的幼儿一定要画好了图才出去玩。

幼儿的社会知觉，不论是对他人的知觉、人际关系的知觉还是自我知觉，都有明显发展。但在社会知觉发展总过程中，幼儿还处在较低水平，必须通过教育培养，促使其进一步发展。本书在"幼儿的社会性发展"一章中叙述了幼儿人际关系的发展，可和本节相互参阅。

第三节　感觉和知觉规律在幼儿活动中的应用

┃ 小思考 ┃

天冷刚穿上厚衣服时觉得很重，但很快就感觉不到了，这是怎么回事呢？

感觉和知觉的发生与发展具有一定的规律，教师在组织教育教学活动时运用好这些规律就可以改善活动效果，这对促进幼儿感觉和知觉的发展具有积极的作用。

一、感觉规律

感受性是感觉器官对适宜刺激的感受能力，是感觉的敏锐程度。我们生活的环境中存在许多刺激，但并不是所有的刺激都能引起我们的感觉，只有刺激达到一定的程度才能引起我们的感觉。同时，不同的人对同等强度刺激的感觉是不一样的。感受性用感觉阈限来表示，感觉阈限是指刚刚能引起感觉的持续一定时间的刺激量。感受性与感觉阈限呈反比关系。感受性越强，感觉阈限越小；感受性越弱，感觉阈限越大。

一般情况下，人的感受性会随着外部条件和机体状态的变化而发生变化，并且有一定的规律。感觉的规律主要有感觉的相互作用、感觉适应、感觉对比和感觉敏感化。

（一）感觉的相互作用

各种感觉不是孤立存在的，而是相互联系、相互制约的。不同感觉之间的相互作用，可以使感受性发生变化，或者降低，或者提高。例如，视觉感受性可在听觉影响下发生变化。一般情况下，弱的听觉刺激可以提高视觉的颜色感受性，而强烈的噪声可以使视觉的差别感受性显著降低。因此，教师上课时应控制音量，不要高声大叫，以免影响幼儿的感受性。

一般来说，在感觉的相互作用下，弱刺激会提高分析器的感受性，强刺激会降低分析器的感受性。

联觉是不同感觉相互作用的一种特殊表现，是一种感觉兼有另一种感觉的心理现象。例如，切割玻璃的声音会使人产生寒冷的感觉；红、橙、黄会使人产生暖的感觉，绿、青、蓝会使人产生冷的感觉等。

（二）感觉适应

同一感受器，因刺激的连续作用而使感受性发生改变，有时甚至表现为感觉完全消失，这就是感觉适应，如古话所说的"如入芝兰之室，久而不闻其香""如入鲍鱼之肆，久而不闻其臭"，即嗅觉完全消失。

感觉适应有时表现为感受性的降低，即感觉的钝化。例如，把手放入冷水中，由冷刺激引起的感觉的感受性会渐渐下降。又如，从半暗的房间进入亮处，最初看不见东西，而后眼睛的感受性下降，才能分辨周围的情况，这就是明适应。

感觉适应还表现为感受性的提高。例如，初进入暗室时看不到东西，在弱刺激的影响下，眼睛的感受性提高了，因而渐渐能看到东西了，这就是暗适应。教师在带领幼儿进入较暗的场所，如电影院、放幻灯片的场所或暗室时，要注意视觉适应现象，稍稍停留一下再行动，使眼睛先适应环境。又如，教师让幼儿闻某种气味，不要让他闻得太久，以免他因感觉适应而无法分辨。

（三）感觉对比

同类而对立的感觉相互作用时，可使对方的感受性有所加强，这就是感觉对比。例如，白和黑、红和绿、冷和热、甜和酸的感觉同时发生或相继发生，可以使两种感觉更加强烈。

绿叶衬红花会使红花更加鲜艳，吃了酸的再吃甜的会感到更甜就是这个道理。

教师在为幼儿制作教具或布置活动室时，就要注意感觉对比规律。例如，在白底的毛绒教具上面贴黑色的图形能使其更突出，贴淡黄色的图形便不鲜明。

（四）感觉敏感化

感觉敏感化是指分析器的相互作用和练习使感受性提高的现象。这说明感觉具有可训练性。这一方面是由于感觉的补偿作用，如盲人的听觉和触觉特别发达。另一方面是由于特殊训练，如染色工人由于职业需要和实际锻炼，可以区分 40～60 种黑色色调；美术家对于比例非常敏感，可以区分物体大小的 1/50～1/60 的变化。

在幼儿园教育活动中，幼儿教师应根据感觉规律合理组织各种活动，以促进幼儿更好地发展。

二、知觉规律

| 小思考 |

为什么"鹤立鸡群"更容易被我们看到，而雪地上的白熊却不易被人察觉？

知觉的基本规律包括知觉的选择性、知觉的整体性、知觉的理解性和知觉的恒常性。全面了解知觉的基本规律，对科学开展幼儿园教育活动意义重大。

（一）知觉的选择性

人在感知事物时，并非面前所有的刺激都能同时被清楚地反映出来。人总是清晰地感知到一些刺激，这些刺激便成为知觉对象，其余的成为背景，对背景的反映则不甚清晰，这就是知觉的选择性。对象是感知的中心，背景则是衬托的部分。例如，教师上图画课，画在黑板上的图是幼儿知觉的对象，而黑板与墙壁等则作为背景呈现在幼儿的视野中。如果幼儿注视图中的一个人，这个人便成为知觉的对象，而图中的其他人或物便成为背景。

一般情况下，对象与背景的差别越大，对象越容易被区分出来。这种差别可以是颜色上的差别，也可以是形状、大小及声音高低等方面的差别。反之，对象与背景的差别越小，则对象越难被区分出来。"万绿丛中一点红"中的红花之所以容易被感知，是因为它和绿叶有明显差别。

在固定不变的背景上，活动变化的刺激容易被知觉为对象，如仲夏之夜，繁星满天，一颗流星很容易被人感知。再如远远驶来一辆汽车，这个正在运动着的汽车也很容易被人从公路这一静止的背景中区分出来，成为知觉对象。

刺激物本身的组合形式，也是使一些刺激构成对象的重要条件。在视觉刺激中，凡是距离接近或颜色、形式相同或相似的刺激物都容易成为完整的知觉对象。例如，在行人如织的大街上，教师带着小朋友排队前进，很自然地就会引起路人的注意而成为知觉对象，在满街行人的背景中被区分出来。又如，遥望一条伸向远方的公路，路旁两排整齐的树木容易成为知觉对象，从整个背景中被区分出来。

> **知识拓展**
>
> ### 依据知觉的选择性组织幼儿园教育活动
>
> 幼儿教师在组织教育活动、制作挂图、运用教具时都应当遵循知觉对象从背景中被区分出来的规律。教师讲课时，重要的内容要加重语气，辅以合适的表情、手势，使之从其他内容中突出出来；绘制挂图时，必须在色彩、线条、大小及位置等方面多加考虑，应当用背景把知觉对象衬托出来，使幼儿能够明确认识知觉对象。对年龄小的幼儿尤其要注意加大对象与背景的差别，知觉的内容不能太复杂，以便于他们学习和掌握。

（二）知觉的整体性

知觉对象由许多具有不同特征的部分组成，但人们并不认为它是许多个别孤立的部分，而总是把它看作一个统一的整体，这就是知觉的整体性。例如，对于形似小狗、不完整的斑点图，幼儿不会把它知觉为无意义的斑点，而是一开始就会把它看成一条小狗。

（三）知觉的理解性

在知觉事物时，我们不仅反映对象整体，也反映对象的意义，而且往往只要感知到对象的某些部分或一些主要属性，就可以把整个对象完整地反映出来。例如，我们听别人说"幼儿是祖国的希望、民族的未来""教师是园丁"等语句时，虽然没有把每个字都感知清楚，却能将全句完整地反映出来。这就是因为有过去经验的补充，我们凭着过去形成的暂时联系，能够充实当前知觉的内容，理解当前知觉对象的意义。因此，教师要使幼儿能够正确而迅速地理解当前的知觉对象，平时就必须从各方面丰富幼儿的生活经验，例如组织幼儿参观、游览博物馆等，扩大幼儿的视野。在教学中，教师应尽量充实教材内容，并与幼儿的实际生活相结合，丰富幼儿的生活经验，这样有利于幼儿对知觉对象的理解。

（四）知觉的恒常性

我们看到的事物有时离我们近，有时离我们远；有时在我们的正前方，有时在我们的两侧；有时在阳光下，有时又处于阴影中。在这种不断变化的情况下，知觉的恒常性可以帮助我们保持对事物正确的知觉。知觉的恒常性是指人在一定范围内，不随知觉的客观条件的改变而保持其知觉映象的过程，即人在知觉事物时，知觉条件发生一定的变化，而人头脑中的知觉形象却保持相对不变。知觉的恒常性中最主要的是视觉恒常性。视觉恒常性包括亮度、颜色、大小、方位和形状的恒常性。

教师在教学活动中应充分利用知觉的规律，使幼儿更好地学习、理解事物。例如，根据知觉的选择性规律，教师在绘制挂图时，为了突出需要观察的对象或部位，在它周围最好不要附加类似的线条或图形，注意拉开距离或加上不同的颜色，使幼儿能够明确认识知觉对象。根据知觉的理解性规律，要使幼儿能够迅速而正确地理解当前的知觉对象，教师在教学过程中应该注意从多方面丰富幼儿的知识经验，并注意通过讲解，联系他们已有的知识经验。

第四节　幼儿观察力的发展及培养

观察是一种有目的、有计划、比较持久的知觉，是知觉的高级形态。人在观察过程中表现出的稳定的品质和能力就是我们通常所说的观察力。幼儿观察力的发展，对于他们掌握知识、发展心理具有重要作用。

一、幼儿观察力的发展

3岁以前幼儿的知觉主要是无意、没有目的的，因此谈不上什么观察。进入幼儿期后，在正确的教育下，幼儿的观察力开始形成并迅速发展，观察逐渐由缺乏目的性转变为相对独立、有目的、有组织的过程，幼儿开始形成初步的有目的、有方向、自觉的观察力。但就观察力的整个发展过程来说，幼儿观察力的发展还是不够的，他们观察的目的性、精确性、持续性、概括性等都还不强。

接下来将具体介绍幼儿观察的特点。

（一）观察的目的性

学前初期的幼儿常常不能进行自觉、有意识的观察。他们或观察事先无目的，或易在观察中忘记了目的，很容易受外界事物的突出特征和个人情绪、兴趣的影响。例如，图画中有几个小朋友在玩，其中一个小朋友的衣服扣扣错了，鞋也掉了一只，请幼儿从图画中把这个小朋友找出来。小班幼儿通常不能完成这个任务，他们会被图画中好玩的玩具所吸引，而完全忘记观察的目的；中班、大班幼儿观察的目的性有较大提高，通常能完成观察任务。

观察任务越具体，幼儿观察的目的就越明确，观察的效果就越好。例如，让幼儿找两幅图画的不同之处，如果明确告诉幼儿有几处不同，观察效果就会显著提高。

（二）观察的精确性

学前初期幼儿的观察往往不够仔细、认真，常常是粗枝大叶、笼统、片面的。他们能看见颜色鲜艳、位置突出、新鲜、有变化的物体，看不见虽然能代表事物实质但不显眼、不突出、比较细致的部分，有时甚至发生错误。如小班幼儿把柿子当成西红柿，分不清蜜蜂和苍蝇、绵羊和山羊的事常有发生。通过教育，中班幼儿能比较精确地观察事物，能发现众多小朋友中哪个唱错歌了，能发现动物园里一共有几只猴子、几只熊猫、几只松鼠，对躲在树上、藏在山后的小动物也能找出来。

（三）观察的持续性

幼儿，特别是小班幼儿的观察常常不能持久，很容易转移注意的方向和对象；到中班，特别是大班，幼儿的观察时间才能逐渐增加。实验表明，三四岁幼儿对图片的平均持续观察时间只有 6 分 8 秒，5 岁的幼儿增加到 7 分 6 秒，6 岁幼儿增加到 12 分 3 秒。可见，幼儿观察的持续时间是随着年龄的增长而逐步增加的，特别是 6 岁幼儿，观察的持续时间有明显的增加，进步较大。

（四）观察的概括性

学前初期的幼儿在观察时，常常不能把事物的各个方面联系起来考察，因而也不能发现事物之间的内在联系和本质特征。当你给幼儿看两盘萝卜头，其中一盘有水，萝卜头长出了小绿叶；一盘无水，萝卜头萎缩了。小班幼儿通常看不出萝卜头生长与水之间的关系。如果再给幼儿看两幅图画，其中一幅画着小孩在玩球；另一幅画着球把玻璃打碎了，小班幼儿也往往说不出这两幅图画间的因果关系。中班幼儿观察的概括性稍有提高，但也只有部分幼儿能给出比较令人满意的回答。到了大班，才有较多的幼儿能给出正确回答。

幼儿的观察力是在生活环境和教育的影响下，经过系统的培养训练逐渐发展起来的。幼儿期是幼儿观察力开始形成的时期，此时幼儿观察力水平还很低，更需要成人的帮助。

▌知识拓展▐

幼儿观察力发展阶段的研究

研究发现，幼儿观察图画能力的发展大致经过了4个阶段：①认识"个别对象"阶段，②认识"空间联系"阶段，③认识"因果关系阶段"，④认识"对象整体"阶段。这反映了幼儿观察力发展的一般趋势。

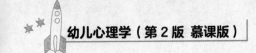

二、幼儿观察力的培养

幼儿的观察力存在目的性、精确性、持续性、概括性等都还不强的特点，因此，幼儿教师必须根据幼儿的年龄特点有针对性地培养幼儿的观察力。

（一）帮助幼儿明确观察的目的和任务

观察的目的、任务的明确程度直接影响观察的效果。观察的目的、任务越明确，观察的积极性越高，观察的效果就越好。但幼儿的观察目的性较差，目的任务往往需要成人来帮助提出。例如，让幼儿观察杨树和柳树时，如果先向幼儿说明要仔细看看杨树的树干、树枝、树叶是什么样子、什么颜色的，柳树的树干、树枝、树叶是什么样子、什么颜色的，杨树和柳树有什么不同等，使幼儿有明确、具体的观察目的，清楚观察的任务要求，观察的效果会显著提高。

> **知识拓展**
>
> 有人做过这样的实验：请两组幼儿观察两张初看完全相同的图片，对其中一组幼儿在观察前讲明这两张图片有5处不同，而对另一组幼儿只笼统地要求他们找出图片中的不同之处，不告诉他们共有几处不同。结果前组幼儿平均找出4.5处不同，后组幼儿平均只找出3.7处不同。由此看出，是否有明确具体的观察目的和任务会直接影响幼儿的观察效果。

（二）培养幼儿观察的兴趣

幼儿的知觉基本是无意的，自觉的观察总是在对事物产生兴趣之后才开始。

幼儿喜欢活的、动的、色彩鲜艳的、新奇的东西，喜欢大而清晰的物体或图像。幼儿的这些兴趣特点是教师引导幼儿观察时必须利用的有利条件，对激起幼儿的观察动力非常重要。教师引导幼儿观察时要注意以下几个方面。

（1）要经常引导幼儿注意观察周围的事物。大自然是孩子最好的老师，它是如此的纷繁复杂、千姿百态，既为幼儿提供了丰富的感性知识，也有助于促进幼儿观察概括能力的发展。如动植物的生长变化，一年四季的气候变化等，教师应尽力让幼儿对它们产生兴趣。

（2）启发幼儿多问。教师在回答幼儿的提问时，应及时提出一些问题引导幼儿观察以前没有注意到的事物。不仅要看见那些色彩鲜艳、位置明显、有强烈刺激性的部分，也要注意那些色彩不太鲜艳、位置较偏、面积较小、不太明显的部分，使幼儿产生更大的兴趣，并逐步学会自觉地观察周围的事物。

（3）引导幼儿多动手做实验。例如，把两盆花分别放在向阳和背阴的地方，将两瓣蒜分别放在有水和无水的盘子里，然后带幼儿观察它们生长变化的过程及其异同，使幼儿具体、实际地了解植物生长与阳光、水分之间的关系。这无疑比单纯用语言讲解效果要好得多，同时有利于激发幼儿的观察兴趣，还能够帮助幼儿发现事物之间的内在联系，从而使幼儿概括事物主要特征的能力得到锻炼和提高。

（三）教给幼儿观察的方法

观察方法直接影响观察效果。幼儿的观察效果差，与其缺乏良好的观察方法有关。所以，教师在指导幼儿进行观察时，应具体指导幼儿如何有顺序、有条理、有主次地进行观察，同时还要使中班、大班幼儿懂得观察的方法。如要找出两张图片的不同之处，首先就要认清图中的每一样事物，在此基础上再进行整体观察，比较两者的不同之处，这就是在观察中学会分析综合。根据观察对象及任务、要求的不同，教师指导的方法应有所变化。

▍知识拓展▍

幼儿观察方法的指导

教师指导幼儿进行观察时，可以采用的方法有主次程序法（先中心后四周）、方位程序法（由上而下、由左而右、由近及远、由远而近、自头至尾等）、分析综合法（先整体后局部再整体，或先局部后整体再局部）等，使幼儿的观察方法逐渐适合观察的目的、任务，直接为取得较全面、精确的观察效果服务。

同时，教师应尽可能使幼儿的眼、耳、鼻、口、舌、手等都参与认识活动。例如，教幼儿认识黄瓜和西红柿时，不仅可以让幼儿用眼睛看，还可以让他们用手摸、用嘴尝；教幼儿认识菊花、水仙花时，不仅可以让幼儿看一看、摸一摸，还可以让幼儿闻一闻。这样可以使幼儿对黄瓜、西红柿、菊花、水仙花，从形状、颜色、气味等各个方面都有比较完整、精确的认识。

本章思考与实训

一、思考题

（一）单项选择题

1. 古人云"如入芝兰之室，久而不闻其香""如入鲍鱼之肆，久而不闻其臭"。这是感受性变化的（　　）规律。

　　A. 适应　　　　　　B. 感觉的相互作用　C. 对比　　　　　　D. 敏感化

2. 教师上课时应轻声细语，不要高声大叫。这体现了感受性变化的（　　）规律。

　　A. 适应　　　　　　B. 感觉的相互作用　C. 对比　　　　　　D. 敏感化

3. 幼儿开始能辨别"大前天""大后天""前天""后天"等时间概念是在（　　）。

　　A. 幼儿前期　　　B. 幼儿初期　　　　C. 幼儿中期　　　　D. 幼儿晚期

4. 下列属于人的内部感觉的是（　　　　）。

　　A. 视觉　　　　　　　B. 听觉　　　　　　　C. 嗅觉　　　　　　　D. 运动觉

5. 幼儿开始能以自身为中心辨别左右方位是在（　　　　）时。

　　A. 3岁　　　　　　　B. 4岁　　　　　　　C. 5岁　　　　　　　D. 6岁

6. 学前幼儿时间知觉的发展大大落后于空间知觉的发展，其主要原因是（　　　　）。

　　A. 时间比较具体　　　　　　　　　　　B. 时间比较抽象

　　C. 时间比较笼统　　　　　　　　　　　D. 时间比较系统

（二）问答题

1. 什么是感觉？什么是知觉？试各举一例加以说明。

2. 幼儿辨色能力的发展有什么特点？教学上应该注意些什么？

3. 幼儿教师在绘制教学用图时，应怎样有效利用感觉和知觉规律？

二、案例分析

1. "仲夏之夜，繁星满天，一颗流星却很容易被人感知。"这其中体现出哪种知觉的规律？在幼儿园的教育教学活动中，教师应如何运用此规律？

2. 教师在给幼儿讲《小蝌蚪找妈妈》的故事之前，为了更好地帮助幼儿理解故事，先给幼儿出示了青蛙、乌龟、鲤鱼的教具，以唤起幼儿的记忆；在讲故事的过程中，教师一边利用这些可活动的教具，一边模仿不同动物的说话声，同时播放相关的轻音乐。

试简要分析以上教学活动主要体现了哪些感觉和知觉规律，在幼儿园的教育教学活动中还经常用到哪些感觉和知觉规律？

3. 我们刚进入冬天时觉得穿毛衣和棉衣很累赘，过了一个月就不觉得了；同一口井的井水，冬天觉得它很温暖，夏天觉得它很清凉，其实它的温度变化不大。这是为什么？

三、章节实训

1. 实训要求

结合到幼儿园见习的机会，观察并做分类记录：哪些游戏活动可以使幼儿的感觉或知觉得到锻炼和培养？

（1）记录活动时要分别注明其适用于哪个年龄班的幼儿。

（2）记录活动时写清楚每个游戏活动可使幼儿的哪一种感觉或知觉得到锻炼和培养。

（3）至少观察3个游戏项目。

2. 实训过程

（1）6人组成一个小组。

（2）分工合作，设计一个观察表格。

（3）根据设计的观察表格进行观察并做好记录。

3．样表

观察者：

游戏名称	发展的感觉	发展的知觉	年龄班

第四章

幼儿的记忆

【本章学习要点】

1. 理解记忆的概念、种类、品质及记忆过程。
2. 掌握幼儿记忆的发展。
3. 了解幼儿记忆发展中的常见问题及教育措施。
4. 学会培养幼儿记忆力的基本方法。

【引入案例】

日常生活中，我们经常会发现，幼儿教师花费很大的力气教幼儿背诵一首歌谣，有时幼儿仍不能完全记住，但幼儿在电视上看到关于幼儿食品的广告，只需一两次就能将广告词熟记于心。这种现象在年龄较小的幼儿身上表现得尤为明显。

问题：这体现出幼儿记忆的哪些特点？幼儿的记忆主要取决于哪些因素？针对幼儿记忆的特点，教师在教育教学中应该注意哪些问题呢？

记忆是人脑保持信息和提取信息的过程，对幼儿心理的发展具有重要的作用，影响幼儿的知觉、想象、思维、语言及个性特征的形成与发展。因而，根据幼儿记忆发展的规律促进幼儿记忆发展就成为幼儿教育的重要任务之一。

第一节　记忆概述

幼儿记忆是幼儿认知发展领域最为古老而且得到关注最多的研究领域，多年来人们一直致力于对幼儿记忆的产生、幼儿记忆发展规律及影响幼儿记忆各环节发展的因素等问题进行探讨。

一、记忆的概念

记忆是以识记、保持、再认和回忆的方式对经验的反映。例如，幼儿记一首儿歌，教师先示范朗读，然后带领幼儿以多种形式反复跟读、诵读，这就是幼儿对这首儿歌的识记和保持。以后，幼儿只要一听到这首儿歌，就能认出是学过的儿歌，只要一提起这首儿歌的名称，他们就能背诵出来，这就是再认和回忆。这时，也就是人们常说的他们记住了这首儿歌。

经验可以由感知过的事物形成，也可以由思考过的问题、体验过的情绪、练习过的动

作等形成。人们通过识记和保持，把外界信息在大脑中贮存、编码，这实际上是"记"的过程。在一定的条件下，人们通过再认和回忆，又将贮存与编码的信息从大脑中提取出来，这实际上是"忆"的过程。从识记、保持到再认与回忆的整个过程就叫作记忆。所以，"记"是"忆"的前提，没有"记"就不会有"忆"；"忆"是"记"的结果和验证，"忆"不出来，也就是"记"得不好，没有"忆"，"记"就失去了意义。

二、记忆的种类

根据不同的标准，记忆可以分为不同的种类。

根据记忆的内容，记忆可以分为形象记忆、情绪记忆、逻辑记忆和运动记忆。

形象记忆是以感知过的事物的形象为内容的记忆。例如，我们游览过南京中山陵后对中山陵形象的记忆，幼儿到过颐和园之后回忆起万寿山的形象，就是形象记忆。

情绪记忆是以体验过的某种情绪和情感为内容的记忆。例如，我们对收到学校录取通知书时兴奋激动的心情的记忆，就是情绪记忆。

逻辑记忆是以概念、判断、推理等为内容的记忆。例如，我们对法则、定理或数学公式等的记忆就是逻辑记忆。这种记忆的内容通过语词表达出来，因而这种记忆也称语词逻辑记忆。

运动记忆是以过去做过的动作为内容的记忆。例如，我们对蛙泳和自由泳的一个接一个的动作的记忆，就是运动记忆。

在生活实践中，上述 4 种记忆是相互联系的，每个人都有这 4 种记忆。但由于每个人的先天素质和后来的实践活动不同，它们在每个人身上的发展程度也不一样。例如，歌唱家、画家、建筑师等，他们的形象记忆占主要地位；表演艺术家的情绪记忆占主要地位；数学家、思想家等，他们的逻辑记忆占主要地位；运动员的运动记忆占主要地位。

根据保持时间的长短不同，记忆可以分为短时记忆和长时记忆。

短时记忆是指 1 分钟以内的记忆，即所获得的信息在头脑中贮存的时间不超过 1 分钟，识记后立即再现，再现后就不再加以保持。例如，电话接线员接线时对用户号码的记忆就是短时记忆，当他们接完线后，一般来说就不再把号码保持在头脑里。

短时记忆的广度，即贮存信息的数量是 5～9 个，但记忆材料的组织在记忆贮存的数量方面有重要影响。也就是说，决定短时记忆广度的因素不是记忆项目的数量，而是记忆单位的数量。例如，有一个数字是 3662292460，虽然它的记忆项目的数量超过 9 个，但仍能保持在短时记忆中。这是因为人们在记忆时将 10 个记忆项目人为地分成 4 个单位：366（闰年的天数）、229（闰年 2 月有 29 天）、24（每天 24 小时）、60（每小时 60 分钟）。学生的学习或数控装置的使用活动都需要这种记忆。

长时记忆是指保持 1 分钟以上，直到许多年，甚至终身保持的记忆。长时记忆是由短时记忆经过多次复习和运用，以有意义的方式进行编码，使信息在头脑中停留的时间逐步延长而形成的（见图 4-1）。也有一些长时记忆是由于印象深刻而一次形成的。在日常生活、工作和学习中，大量的信息都需要贮存在长时记忆中。而大部分信息得以长期保持在记忆中，都是靠着把信息按意义加以整理、归类贮存与提取。例如，给被试呈现一个单词令其记住：狗、桌子、狼、楼房、椅子、茅舍、房子、猫。被试在回忆时往往会打乱原来的顺序，把狗、狼、猫，桌子、椅子，房子、楼房、茅舍分别归类在一起。

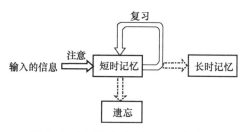

图 4-1　短时记忆和长时记忆模式图

三、记忆的品质

一个人记忆力水平的高低主要是从记忆的敏捷性、记忆的持久性、记忆的正确性和记忆的准备性 4 个方面来衡量和评价的。

（一）记忆的敏捷性

记忆的敏捷性体现为记忆速度的快慢，是指一个人在一定时间内能够记住的事物的数量。人的记忆速度有相当大的差异。有人做过这方面的实验：让被试背诵一首唐诗，有的人重复 5 次就记住了，而有的人需要重复 26 次才能记住；让被试识记一系列图形，有的人只需看 33 次就能记住，有的人需要看 75 次才能记住。这就说明了人的记忆在速度方面，即敏捷性方面存在明显的差别。

（二）记忆的持久性

记忆的持久性是指记忆的事物所保持时间的长短。仅有较好的敏捷性还不能称为良好的记忆，像前面讲的，记得快忘得也快，那就没有什么实际意义了。所以，良好的记忆必须具备的第二个标准就是较高的持久性，它是记忆巩固程度的体现。

（三）记忆的正确性

记忆的正确性是指对原来记忆内容性质的保持。一个人的记忆，如果既有敏捷性，又具有持久性，但是不具备正确性，纵使记得又快又牢固也毫无用处。可以说，较高的正确性是良好记忆最重要的特点。如果记忆总是不正确，那它对我们的知识学习和经验积累就只会

帮倒忙。就像开汽车时弄反了方向，开得越快，距离目的地反而越远。所以，记忆的正确性是使人们获得正确知识重要的品质。

> **知识链接**
>
> ### 记忆的正确性和什么有关？
>
> 记忆的正确性与识记及遗忘的选择性有很大关系。对同一件事情，人们识记的角度和识记后遗忘的角度都不完全相同。例如，几个人同时都看了某本书，看后立即问他们记住了什么内容，他们的回答不可能是完全一样的。

（四）记忆的准备性

记忆的准备性是指人能够根据自己的需要，从记忆中迅速而准确地提取所需要的信息，即能够迅速地从已识记的知识储备中提取当时所需的信息的能力。记忆的准备性是决定记忆效能的主要因素，是判断记忆品质的最重要的标准，也是记忆的敏捷性、持久性、正确性的体现。人们进行记忆的目的是储备知识，并使之备而有用、备而能用。记忆如果没有准备性，就失去了存在的价值。就像一个仓库，尽管里面储满了货物，但如果取货非常困难，那它就起不到仓库应有的作用。人们的记忆好比是储存知识的"智慧仓库"，如果管理得当，进货、发货就会迅速、顺利。也就是说，当需要使用某种知识时能够很快提取，这样记忆才有实际意义。就像学生进考场，记忆准备性好的学生，能够迅速、正确地从自己的记忆仓库中提取相应的知识，顺利答完试题，而准备性不好的学生则常常会发蒙或答非所问，影响考试成绩。

记忆的 4 种品质是有机联系、缺一不可的，忽视记忆品质中的任何一种都是错误的。检验一个人记忆力的好坏，不能单看某一种品质，而必须全面衡量这 4 种品质。

第二节　记忆过程

一、识记

识记是反复认识某种事物并在脑中留下痕迹的过程。它是记忆的第一步，我们可以从不同角度将其划分成不同种类。

（一）无意识记和有意识记

依据在识记中的目的性和自觉性，识记可以分为无意识记和有意识记。

无意识记是指没有自觉的识记目的或任务，也不需要意志努力的识记。例如，我们小时候看过的电影，其中的一些故事情节和人物形象还历历在目，我们甚至还能绘声绘色地讲给别人听。而当时我们并没有有目的地去识记，它是自然而然地成为我们记忆中的内容的。有许多知识，甚至人们所接受的许多教育内容，都是通过无意识记获得而积累起来的。所谓"潜移默化"，就是指人们在无意中接受周围环境的影响。无意识记具有很大的选择性，凡在人们的生活中具有重要意义的，和人们的兴趣、需要、强烈的情感相联系的事物，都容易被人们记住。另外，识记的客体如果是直观、形象、具体、鲜明、活动着的，都容易被记住。教师在教学中若能充分利用这种识记特点，可以使学生轻松自然地获得一些知识，幼儿尤其是这样。

人们的知识并不都是从无意识记中得来的，要获得系统的科学知识，必须依靠有意识记。

有意识记是有一定的目的和任务，需要采取积极思维活动的一种识记。例如，教师告诉幼儿记住所学的儿歌，六一儿童节要进行表演。幼儿根据教师的要求，态度积极、精力集中，努力地识记。这种识记目的明确、任务具体，一般情况下比无意识记的效果要好。

▌小思考▐

下面两个实验说明了怎样的识记规律？

实验1：给两组被试许多图片，每张图片（大小约为4平方厘米）的角上有一个数字，图片中画有一种家庭用具（如炉子、水壶、砂锅）或水果（如苹果、梨子、香蕉）。让第一组被试按图片内容进行分类，让第二组被试按数字把图片分别放在写有数字的木板的对应位置上。完成之后，实验者出其不意地检验被试对图片内容和数字的记忆，结果第一组被试回忆图片内容的成绩高于回忆数字的成绩，第二组被试回忆数字的成绩高于回忆内容的成绩。

实验2：给被试一系列成对的句子，每一对句子都符合一种文法规则，要被试指出每对句子所表现的文法规则，并按照这一规则自己造一对句子。实验者当时没有给予识记任何句子的指示，但在第二天却要被试分别回忆实验者提出的句子和被试自己所造的句子。结果表明，被试对自己造的句子的识记效果比对实验者提出的句子的识记效果高3倍。

（二）机械识记和意义识记

依据识记时对材料是否理解，识记可以分为机械识记和意义识记。

机械识记是在对识记材料没有理解的情况下，依据材料的外部联系，机械重复完成的识记。我们记地名、人名、电话号码、外文字母时，常常利用机械识记。

意义识记是在对材料进行理解的情况下，运用有关的经验完成的识记。

人进行意义识记时思维活动积极，识记效果比机械识记好，记得快，保持得久。例如，在德国心理学家艾宾浩斯的实验中，他识记12个无意义音节，需要16.6次才能成诵；识记36个无意义音节，需要55次才能成诵；而识记六节诗，其中有480个音节，只要8次就能成诵。因此，我们对有意义的材料应尽量理解其意义，在它们之间建立较多的联系，以提高识记效果；对于无意义或意义较少的材料，如历史年代、外语单词、公式、定理等，可以找一些人为的联系帮助记忆。

二、保持和遗忘

保持是对识记过的事物，进一步在头脑中巩固的过程。它是识记通向再认或回忆所必经的环节。与其相对应的是遗忘，遗忘是指个体识记过的事物不能被提取或提取时发生错误。

（一）保持

识记材料会随时间的推移发生量或质的变化。量的变化是指内容的减少或增加，质的变化是指内容的加工改造。量的减少是一种普遍现象，大家都有体会，如所经历的事情总会忘掉一些。量的增加则不是人人都有。后来回忆的内容比当时即时回忆的要多，这种现象称为"记忆恢复"。一般来说，当识记不太充分、材料难度较大时容易发生这种现象。保持的加工改造情况，各人因经验不同而不一致。

> **知识拓展**
>
> ### 识记材料保持的质变
>
> 先让被试识记一些图形，而后要他们回忆并画出这些图形。把识记的原图形与通过回忆画出的图形相比较，发现有的画出的图形比识记的图形更概括、简略，有的更完整、合理，有的更详细、具体，有的更夸张，有的某些部分更突出，等等（见图4-2）。
>
>
>
> 图 4-2　图形的变化

（二）遗忘

识记过的东西不能再认和回忆，或者是错误地再认和回忆，都称为遗忘。

首先对遗忘现象进行比较系统的研究的是德国心理学家艾宾浩斯。他以自己为被试，用无意义音节作为记忆的材料。实验时，他先学习一组材料，计算出记住它所需的时间。间隔一定的时间后，他重新学习，计算出重新记住它节省了多少时间。这方法称作"节省法"，用于计算保持和遗忘的数量。重新学习时，节省的时间多即表示保持的多。根据实验结果，艾宾浩斯绘制了遗忘曲线（见图4-3）。

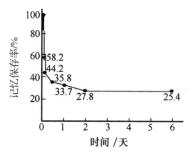

图4-3　艾宾浩斯遗忘曲线

从图4-3可以看出，识记后在大脑中保存的记忆，随时间的推移而逐渐衰减，即遗忘。遗忘的速度不是均衡的，在学习停止后的短时间内特别迅速，后来逐渐变得缓慢，到了一定的时间，人几乎不再遗忘了，即遗忘的发展是"先快后慢"的。后来的实验研究也证明了这种趋势。因此，在学习后及时复习是很重要的。

▌**知识拓展**▌

从遗忘的原因来看，人的遗忘分为以下两类。

（1）永久遗忘：已经识记过的东西由于没有得到反复强化和运用，在头脑中保留的痕迹自动消失，不经重新学习，记忆不能再恢复。

（2）临时遗忘：已经识记过的东西由于其他刺激（外部刺激和内部状态）的干扰，头脑中保留的痕迹受到抑制，不能立即回忆或再认，一旦排除干扰、抑制解除，记忆仍可得到恢复。

例如，学生考试时，会因一时紧张而答不出某些试题，待做了一半后，甚至交卷后，紧张心情得到缓解，便又想起来了，这种现象即临时遗忘。始终回忆不起来的叫永久遗忘，对学生的学习来说，这多半是没有按时复习的缘故。

三、再认和回忆

再认和回忆都是对识记过的事物进行提取的过程，但两者的方式不同。

（一）再认

再认是指过去感知过的事物重新呈现在面前时感到熟悉，确知是以前识记的。例如，

时隔多年已经忘了童年玩伴的长相，但偶然相逢，还能认出来。又如，有些听过的歌曲我们自己唱不出来，但听到时却能知道曾经在哪儿听过。这些都是再认。

（二）回忆

回忆是指过去反映过的事物不在面前时把它的反映重新呈现出来。

根据回忆是否有预定的目的，回忆可以分为无意回忆和有意回忆。

无意回忆是没有预定目的的，只是在某种情景下，自然而然想起某些旧经验。例如，一件往事偶然涌上心头，"触景生情"等，都是无意回忆。

有意回忆是根据某种任务，自觉地追忆以往的某些经验。例如，学生考试时回忆以往学过的知识，幼儿复述故事时回忆以往听过的故事内容等，都是有意回忆。

回忆顺利进行时，不需要意志努力就可以完成，但当遇到困难时，必须费一番心思才能回忆出来，这种现象叫追忆。

（三）再认和回忆的关系

再认和回忆是过去经验的恢复，是从记忆中提取信息的两种形式，它们之间没有本质区别，只有保持程度上的不同。能回忆的一般都能再认，能再认的不一定都能回忆。所以，仅靠再认还不足以说明已达到牢固保持的程度。考试时，是非题和选择题主要是通过再认来解答的，问答题和填空题主要是通过回忆来解答的，教师可根据不同要求出不同类型的试题。

第三节 幼儿记忆的发展

幼儿随着生活经验的丰富、口头言语的发展以及神经系统特别是颞叶的成熟，记忆较之幼儿前期无论是在量上还是在质上都有了进一步发展。

一、幼儿前期记忆的发生与发展

一般情况下，人类的记忆早在胎儿期就发生了，随着时间的推移，在适宜的环境中，记忆会逐步发展。

（一）胎儿记忆的发生

长期以来，人们一直认为记忆发生在新生儿期，但是近些年来对胎儿的研究表明，人类个体记忆的发生应该是在胎儿期。有研究发现，如果把记录母亲心脏跳动的声音放给新生儿听，新生儿会停止哭泣。研究者认为，新生儿之所以停止哭泣，是因为他们感到又回到了自己熟悉的胎内环境中，这表明胎儿已经有了听觉记忆。

（二）新生儿记忆的发展

对新生儿记忆的研究最早可以追溯到 20 世纪 50 年代。研究发现，新生儿期的记忆主要是短时记忆，表现为条件反射和对熟悉事物的"习惯化"。

1. 条件反射的建立

新生儿记忆的主要表现之一是对条件刺激物形成某种稳定的行为反应，即建立条件反射。研究者采用自然观察法，观察到新生儿的第一个条件反射活动是被抱成通常的哺乳姿势时，呈现出寻找、张嘴、吮吸等一系列食物性反应，这表明新生儿已经"记住"了喂奶的"信号"。

2. 对熟悉的事物产生"习惯化"

新生儿记忆的另一个表现是对熟悉的事物产生"习惯化"。即使是出生几天的新生儿，也能对多次出现的图形产生"习惯化"，对其注意的时间逐渐减少，甚至完全消失，似乎因"熟悉"而丧失了兴趣。这表明，新生儿能够辨别出刺激物的熟悉程度，具有记忆能力。

当然，新生儿的记忆是不随意记忆（无意记忆），记忆保持的时间很短。

（三）婴儿记忆的发展

婴儿的许多行为，在逻辑上均表明记忆系统的存在。将一张新的图片与一张已经重复看过几遍的图片放在 4 个月的婴儿面前时，婴儿看后者的时间明显更长一些。婴儿不仅很早就存在记忆，而且具有相当好的信息保持能力。例如，5 个月的婴儿接触一张面部照片仅仅 2 分钟，在长达 2 个星期后仍有可能表现出再认照片的迹象。在一项研究中，研究者让婴儿对看到小汽车时做出踢脚反应形成操作条件反射，结果 3 个月的婴儿能够将这种习得的联系保持长达 2 个星期的时间。如果在最初的学习与记忆测验期间，为婴儿呈现关于这一联系的提示物，如研究者以婴儿所熟悉的方式轻轻摇晃小汽车，那么婴儿的记忆会更加持久。婴儿对诸如母亲的面孔这种经常出现的重要刺激的记忆，保持时间更长。

尽管记忆可能很早就存在，但并非一开始就很完善。在整个婴儿期，记忆会发生各种发展变化。年长的婴儿的记忆保持时间长于年幼的婴儿，他们只需要较少的接触时间或"学习时间"，就可以把一些刺激或事件纳入记忆。随着记忆的发展，婴儿能对特定经验中越来越多的信息加以编码，他们对周围环境中越来越精细和复杂的特征变得敏感，从而也更可能记住它们。而且，年长的婴儿的再认行为更为复杂，对于熟悉的或以前经历过的客体与事件，他们很可能表现出更明显的"似曾相识"的再认特征，而且可能促发进一步的提取活动，如仔细而努力地回忆更多有关该再认刺激的信息。

大约一岁半以后，言语的发展使婴儿的记忆具备了新的特点。第一，婴儿再现的能力开始发展起来。约在2岁的时候，婴儿能回忆自己去过哪里，自己的小玩具丢在哪儿了，等等，但这时回忆的事物只是这几天内感知过的事物。3岁的时候，婴儿的回忆可以保持到几个星期的时间。所有这些，婴儿都是凭借言语来恢复过去的印象的。第二，出生后的3年内，婴儿的记忆基本上是无意记忆，但由于言语的发展，成人向婴儿提出"要记住"的任务，婴儿的有意记忆开始萌芽。

二、幼儿期记忆的发展

3岁以后的幼儿由于活动的丰富化、复杂化，以及言语的进一步发展，记忆的范围进一步扩大。幼儿记忆发展的主要特点表现在以下几个方面。

（一）无意记忆占优势，有意记忆开始发展

1. 记忆带有很大的无意性

幼儿既不善于有意地完成成人向他们提出的识记任务，也不善于自己提出识记某种东西的专门目的。他们记什么、不记什么，主要取决于客观对象的性质和客观对象与主体的关系，如形象、具体、生动的事物，或幼儿感兴趣、能激起幼儿强烈情绪体验并满足幼儿个体需要的事物，以及成为幼儿活动对象的事物等均易被幼儿识记。反之，则不易被幼儿识记。小班幼儿表现得尤为明显，其所获得的知识多半是在游戏和其他活动中"自然而然"地记住的，有的甚至保留终身。例如，幼儿园明天将组织幼儿外出看电影，教师要求幼儿明早来园时戴上口罩；或者明天是六一儿童节，教师要求幼儿穿上最好看的衣服来园。对于这些任务，几乎没有一个幼儿会忘记。但如果教师说明天检查个人卫生，要求幼儿回家剪指甲，那么对于这个任务，就有不少幼儿会忘记。又如，在一次小班记忆实验中，主试要求幼儿记住一则内容不太吸引人的故事。当主试讲完故事内容，正准备重复一遍时，大部分幼儿都表示不想再听了。有的幼儿干脆说"老师，这个故事不好听，我妈妈给我讲的故事好听"接着高兴地说起（回忆起）他爱听的故事来了，根本不理会主试要求他"记住"的任务。

幼儿不会自觉地运用反复识记的办法来记住某件事情。幼儿在听有趣的故事时会要求教师反复讲，对爱唱的歌曲会一遍遍地重复唱，他们这样做并不是为了要记住故事内容和歌词，只是为了得到情感上的满足。对于要求他们及时识记的事情，他们反而不会重复地去识记它，可能会着急地说："我记不住，我不会记。"因此，凡是要幼儿记住的内容，必须直观形象、鲜明生动，为幼儿所喜闻乐见。反之，即使给幼儿安排了多次重复的机会，效果仍可能不佳。

2. 有意识记开始出现并逐步发展

随着言语调节机能的增强和有意记忆的训练，中班、大班幼儿逐步领会了成人向他们

提出的各项识记要求，有意记忆有了明显的发展。大班幼儿不仅能努力记住和再现所要求记住的材料，还能运用一些简单的记忆方法加强自己的记忆，如在听了老师对他的嘱咐以后说："老师你再讲一遍，要不我记不住。"

（二）记忆具有明显的直觉形象性，形象记忆效果好于语词记忆效果

幼儿识记直观材料要比识记抽象的原理或词的材料更容易。而在词的材料中，形象化的描述又比抽象的概念或推断更容易识记。实验表明，幼儿形象记忆的效果好于语词记忆的效果。对于各个年龄段的幼儿来说，无论是形象记忆的能力还是语词记忆的能力，均随年龄的增长而提高，并且语词记忆的发展速度快于形象记忆。3～4 岁幼儿对熟悉的物体的再现数量约是熟悉的词的再现数量的两倍（3.9∶1.8），而6～7 岁幼儿对两者的再现数量则比较接近（5.6∶4.8），如表 4-1 所示。这种现象与幼儿言语随年龄的增长而发展有关。

表 4-1　幼儿形象记忆与语词记忆效果的比较

年龄	平均再现数量		
	熟悉的物体	熟悉的词	两种记忆效果比较
3～4 岁	3.9	1.8	2.2∶1
4～5 岁	4.4	3.6	1.2∶1
5～6 岁	5.1	4.3	1.2∶1
6～7 岁	5.6	4.8	1.2∶1

在幼儿园的日常教学中，这一特点也表现得十分明显。例如，幼儿记歌词、快板比记散文容易，记对歌表演的内容比记单纯的唱歌的歌词容易，记有图片、模型、实物等直观教具配合的讲述内容比记单纯讲述的内容容易。

因此，教师在进行教学时，必须考虑教材内容的直观形象性和教学形式的具体生动性，这样可以使语词记忆有形象做支柱；同时也必须注意发挥语词在幼儿的形象记忆中的作用，因为幼儿形象记忆的效果也取决于言语的发展水平。幼儿言语发展得好，识记时能叫出物体的名称，那么形象记忆的效果也会比较好；反之，形象记忆的效果就较差。总之，为使幼儿的记忆达到最佳效果，教师必须重视教学过程中语词和形象的共同作用。

┃ 小思考 ┃

有人做过实验，让4岁幼儿观察12张图片，让其中的一组幼儿观察时说出图片的名称，另一组幼儿观察时不说出图片的名称。检查他们识记的效果时，发现两组的成绩相差悬殊，说出图片名称的一组平均记住6～7张图片，而不说图片名称的一组平均只记住2～3张图片。

这一实验表明幼儿记忆效果的好坏和什么有关？这对幼儿教师的教学有怎样的启示？

（三）机械识记多于意义识记，但意义识记的效果更佳

幼儿知识、经验贫乏，分析、综合和理解力差，他们常常根据事物的一些外部特征和联系，简单重复地进行识记。小班幼儿表现得尤为突出，他们在学习儿歌、识记歌词时，往往是凭借儿歌和歌词的音调进行机械的模仿来识记的。如果教师在教学中因吐字不清引起孩子错误的模仿，甚至产生了意义上完全相反的错误，那么幼儿会坚持错误识记。

幼儿虽多机械识记，但也不能由此认为幼儿只有机械识记而没有意义识记，或者认为幼儿机械识记的效果比意义识记更好。观察和实验表明，幼儿，尤其是 4 岁以后的幼儿，在记忆过程中能对识记的材料进行理解性的改造。如复述故事时，他们不再单纯地模仿，或多或少也会对材料进行加工，有时会用熟悉的词来代替较生疏的词，有时会省略或加入某些细节。这些都说明幼儿已经有了意义识记，并随着生活经验的增加和思维能力的提高逐渐发展。

此外，实验表明，幼儿机械识记和意义识记的能力均随年龄的增长而提高，其中意义识记的效果好于机械识记（见表 4-2）。

表 4-2　不同年龄幼儿意义识记和机械识记图片的百分数比较

年龄	意义识记/%	机械识记/%
4 岁	47	4
5 岁	64	12
6 岁	72	26
7 岁	77	48

表 4-2 说明，要提高幼儿的记忆能力，不能停留在让幼儿反复背诵上，要防止幼儿将有意义的材料当作无意义的材料来识记；要帮助幼儿理解识记的对象，尽量使幼儿在理解的基础上进行识记，以提高记忆的效率。例如，教幼儿认识阿拉伯数字"6"，可将字形和哨子的形象联系起来，建立人为的意义联系，并在此基础上进行反复练习加以巩固。

（四）幼儿的记忆逐年迅速发展，但并非每年等速发展

实验表明，3～6 岁的幼儿，无论是记忆的广度、速度还是记忆的正确性（图片再认）和长时记忆的成绩，均随年龄的增长而提高。除记忆广度方面 4～5 岁和 5～6 岁组外，各年龄组间都有显著差异，但记忆成绩提高的幅度有随年龄增长而缩小的趋势，即发展的速度随年龄增长而逐年递减（见表 4-3）。以记忆总成绩为例，4 岁组与 3 岁组间相差 5.62，5 岁组与 4 岁组间相差 4.48，6 岁组与 5 岁组间相差 3.05。如果把 4 岁组和 3 岁组的记忆总成绩的差异数作为 100%，那么 5 岁组与 4 岁组的差异是 79.72%，6 岁组和 5 岁组的差异是 54.27%，其他各项也有同样的趋势。

表 4-3　3～6 岁幼儿记忆 4 个测试项目的平均成绩

年龄	记忆广度		记忆速度		图片再认		长时记忆		记忆总成绩	
	N	$\bar{X}$	N	$\bar{X}$	N	$\bar{X}$	N	$\bar{X}$	N	$\bar{X}$
3 岁	77	3.91	77	5.36	67	2.77	63	2.78	57	14.87
4 岁	81	5.14	81	6.45	70	4.31	69	4.17	63	20.49
5 岁	79	5.69	79	8.00	69	5.67	75	4.88	69	24.97
6 岁	80	6.10	80	8.96	70	6.19	70	5.79	64	28.02

表 4-3 表明，对不同年龄段的幼儿在记忆上的要求应有所区别，识记材料的长短、识记时所采用的方法应有区别。大班幼儿一次能识记的材料，小班幼儿可能要分成几次来完成。要求幼儿记住的各种规则，在小班重复的次数要比在大班重复的次数多。

（五）记忆的正确性较差

幼儿不善于对复杂的材料做精细的分析，识记时不求甚解，再现时既不会想方设法进行追忆，又易受暗示，记忆的正确性较差。这种现象年龄越小越严重，主要表现在以下几个方面。

1. 回忆时识记材料大量遗漏

例如，在一个实验中，让小、中、大班幼儿都识记一则故事，这则故事可以划分成 35 个意义单位。在即时回忆时，小班幼儿只能记住 9 个意义单位，中班、大班幼儿能记住 19 个意义单位。

2. 回忆错误率高

实验研究表明，5 岁幼儿在独立再现一段语词时错误率为 45%，6 岁幼儿为 41%，而小学生仅为 9%。

3. 时常有歪曲事实的现象

幼儿往往把主观臆想的事物或成人猜测的事情，当作自己亲身经历过的事情来回忆。这种现象常被人们误认为幼儿在说谎，这是不对的。家长和教师应正确对待这种现象。一方面切忌将幼儿记忆不正确造成的问题当成行为问题；另一方面在了解和处理幼儿的行为问题时，需持慎重的态度，不要用自己的主观臆想去影响幼儿，要先调查研究。

三、幼儿记忆发展中的常见问题及教育措施

偶发记忆和"说谎"是幼儿阶段记忆中特有的现象，尤其是对于幼儿"说谎"行为，教师和家长一定要充分尊重幼儿的年龄特点。

（一）偶发记忆

在幼儿记忆的发展过程中，存在着一种被称为偶发记忆的现象。这种现象是指当要求

幼儿记住某样东西时，他往往记住的是和这样东西一起出现的其他东西。如有的实验者把画有幼儿熟悉的各种物体并涂有各种颜色的图片呈现在幼儿面前，要求幼儿记住物体并加以复述，这是中心记忆课题。偶发记忆课题则要求幼儿复述图片颜色（事先并未对幼儿提出要求）。结果发现偶发记忆现象在幼儿身上表现明显。在幼儿园里我们常看到，教师出示贴绒小鸭，问幼儿有几只鸭子，有的幼儿却回答鸭子是黄色的。这是由于幼儿对课题选择的注意力、目的性不明确，把没必要的偶发记忆也刻意记住了，结果使中心记忆课题完成效果不佳。幼儿教师要重视这种幼儿特有的记忆现象，注意引导幼儿朝有意记忆的方向努力发展。

（二）"说谎"问题

幼儿的记忆存在正确性较差的特点，容易受暗示，容易把现实与想象混淆，用自己虚构的内容来补充记忆中残缺的部分。这种现象常被人们误认为幼儿在"说谎"，这显然不对。教师应该正确对待这种现象，假如幼儿是由于记忆失实而出现言语描述与实际情况不符的情况，那么不能看作是有意说谎。这是幼儿心理发展不成熟造成的。随着幼儿年龄的增长，这种情况会有所改变。因此，教师不能随便指责幼儿"不诚实"，而是要耐心地帮助幼儿把事实弄清楚，把现实和想象区分开来。

四、实践活动与幼儿记忆力发展

┃小思考┃

在活动中怎样才能提高幼儿的记忆效果呢？

幼儿记忆的发展不是凭空产生的，教师必须在生活中循序渐进地发展幼儿的记忆力，切不可揠苗助长。

（一）活动的性质与幼儿的记忆

幼儿以无意记忆为主，要提高幼儿的记忆效果，必须掌握影响幼儿无意记忆的因素。如前所述，影响幼儿无意记忆的因素包括活动材料的性质、活动与幼儿主体的关系。另外，记忆对象如果为幼儿活动中的主要对象，幼儿在活动中始终不离开对该对象的认知，则记忆效果也较好。例如，在幼儿园里，幼儿经常在各处活动，却不知道幼儿园里有几种树。但教师组织幼儿开展"找春天"的活动，并要比比谁找到的"春天"（内容）多，孩子会自然而然地记住幼儿园里有多少种树。活动中，如果幼儿动用多种感官，记忆效果会更好。

（二）活动的组织与幼儿的记忆

根据记忆的规律，要提高幼儿的记忆效果，发展幼儿的记忆能力，组织幼儿活动时必须对识记材料加以组织。

1. 帮助幼儿进行及时、合理的复习

幼儿记忆保持的时间较短，记忆的正确性较差，容易遗忘。因此，帮助幼儿及时复习是十分重要的。在教学活动中，对于教学目标中要求幼儿掌握的知识技能，教师要帮助幼儿及时复习巩固。同一内容幼儿要多次复习才能掌握。如幼儿学了一首儿歌后，可将活动延伸到区域活动中让幼儿反复表演。复习的方式要注意灵活多变，避免单调，否则会引起幼儿的脑神经细胞疲劳，从而影响复习效果。

2. 识记材料要具体形象，识记方法需生动有趣

幼儿的记忆以无意记忆、形象记忆为主，因此教师在教学活动中应选择那些色彩鲜明、形象具体生动的内容来吸引幼儿，还要采用幼儿喜爱的教学形式与方法开展教学活动。例如，教师在解释概念时，应以具体的教具、玩具等来协助演示，以一定的形象为支撑帮助幼儿理解并记忆，还可以用木偶戏表演、录像、录音等吸引幼儿，使幼儿在轻松愉快的氛围中获得深刻印象，提高记忆效果。

3. 帮助幼儿理解记忆材料

幼儿意义识记的效果好于机械识记，因此在教学活动中，教师要采用多种方法，尽量帮助幼儿理解记忆材料；同时，要指导幼儿在记忆过程中积极地进行思考，逐步学会根据事物的内部联系来记忆材料。例如，学习古诗《悯农》，教师先将内容绘制成图画并讲解，使幼儿理解"锄禾""汗滴禾下土""辛苦"的意思，并结合幼儿的生活经验让幼儿自己来讲，结果一节课下来，大多数幼儿都记住了全诗的内容。

4. 引导幼儿动用多种感官参与记忆过程

实验证明，在识记活动中，有多种感官参与时记忆效果要好得多。如认识橘子时，教师让幼儿看一看、闻一闻、摸一摸、尝一尝，比只让幼儿听教师讲解的记忆效果要好得多。

本章思考与实训

一、思考题

（一）单项选择题

1. 艾宾浩斯遗忘曲线表明遗忘的进程是（　　　）的。

　　A. 先慢后快　　　　B. 前后一样快　　　C. 先快后慢　　　　D. 没有规律

2. 童年时的伙伴多年不见已忘记了长相，但偶然相逢还是能认出来，这一心理活动属于（　　　）。

　　A. 识记　　　　　　B. 保持　　　　　　C. 再认　　　　　　D. 回忆

3. 一件往事偶然涌上心头，这一心理活动属于（　　　）。

　　A. 有意回忆　　　　B. 识记　　　　　　C. 再认　　　　　　D. 无意回忆

4. 对法则、定理或数学公式等的记忆称为（　　　）。

    A. 运动记忆　　　　B. 逻辑记忆　　　　C. 形象记忆　　　　D. 情绪记忆

5. 首先提出遗忘规律的是（　　　）。

    A. 巴甫洛夫　　　　B. 斯金纳　　　　C. 艾宾浩斯　　　　D. 马斯洛

6. 保持时间在1分钟以内的记忆是（　　　）。

    A. 逻辑记忆　　　　B. 短时记忆　　　　C. 瞬时记忆　　　　D. 长时记忆

7. 对幼儿进行的潜移默化的教育，是利用了（　　　）。

    A. 有意识记　　　　B. 意义识记　　　　C. 机械识记　　　　D. 无意识记

8. 幼儿记忆的特点是（　　　）。

    A. 无意识记为主　　　　　　　　　　B. 比较精确

    C. 意义的理解识记　　　　　　　　　D. 有意识记为主

（二）问答题

1. 简述记忆的种类。

2. 幼儿记忆有哪些主要特点？

二、案例分析题

1. 表4-4是实验者在对比研究幼儿形象记忆和语词记忆效果的过程中获取的相关数据，请仔细阅读并分析表中的数据，回答后面的问题。

表4-4　幼儿形象记忆与语词记忆效果的比较

年龄	平均再现数量		
	熟悉的物体	熟悉的词	生疏的词
3～4岁	3.9	1.8	0
4～5岁	4.4	3.6	0.3
5～6岁	5.1	4.3.	0.4
6～7岁	5.6	4.8	1.2

（1）你认为表4-4中的数据体现了幼儿期记忆发展的哪些特点？

（2）除了这些特点，幼儿期记忆发展还有哪些特点？

（3）这些特点给我们组织幼儿园教学活动带来了哪些积极的启示？

2. 根据表4-5，回答后面的问题

表4-5　不同年龄幼儿意义识记和机械识记图片的百分数比较

年龄	意义识记/%	机械识记/%
4岁	47	4
5岁	64	12
6岁	72	26
7岁	77	48

（1）幼儿的机械识记与意义识记有何特点？

【本章学习要点】

1. 理解想象的概念、种类。
2. 掌握幼儿想象的发展。
3. 掌握幼儿想象的培养策略。

【引入案例】

离园时，3岁的莹莹兴奋地对妈妈说："妈妈，今天我得了一个'小笑脸'，老师还把它贴在我的脑门上了。"妈妈听了很高兴，夸她今天表现好。连续几天，莹莹都这样告诉妈妈。后来妈妈和老师沟通后才知道，莹莹并没有得到"小笑脸"。妈妈生气地责怪莹莹："你这么小，怎么就会说谎呢？"

问题：莹莹妈妈的说法是否正确？针对这种情况，家长和老师应怎样做？为什么？

想象是人类特有的心理活动，是幼儿认知发展的重要内容。想象是自然赋予幼儿的翅膀，是一座辉煌的灯塔，让生命之光照向新奇的未知世界。

那么，如何在教学实践中了解幼儿想象的发展并有针对性地培养、引导幼儿的想象，使幼儿真正成为想象王国的"国王"呢？这就需要我们对想象的概念、种类以及幼儿想象的发展进行分析研究，并对幼儿想象的培养展开深入探讨。

第一节 想象概述

幼儿的想象是丰富而生动的，理解想象的概念、想象过程的构成方式、想象的种类及作用，有助于我们更好地理解幼儿想象的发展，从而有效地培养和发展幼儿想象。

一、想象的概念

想象不是凭空产生的，它是对大脑中已有表象的加工改造。表象来自客观现实，表象是人们对客观现实中有关形象的感知，并将其反映在大脑皮层中的心理现象。

（一）想象的定义

想象是对人脑中已有的表象进行加工改造，创造出新形象的过程。这是一种高级的、复杂的认知活动，是人类所特有的。例如，人们在听广播、看小说时，在头脑中呈现出各种各样的情景、人物形象；剧作家根据生活体验，创造出作品中的新形象；幼儿听到老师、家长讲的故事，脑海中呈现出故事中的人物或动物形象。这些根据别人的介绍，或者根据自己已有的知识经验，在头脑中形成的新形象都是想象活动的结果。

形象性和新颖性是想象的基本特点。想象是在感知的基础上，改造旧表象、创造新形象的心理过程。它主要处理图形的信息，即以具体可感的直观形式呈现事物及其意义，而不是关于事物的词语或符号式的逻辑命题。例如，一个没有去过江南的人，读白居易的诗句"日出江花红胜火，春来江水绿如蓝"，头脑中也会浮现出江南秀丽景色的形象。想象不仅可以创造出人们未曾知觉过的事物的形象，还可以创造出现实中不存在的或不可能有的形象，如发明家在发明创造时，头脑中产生的现实中不存在的新产品的形象。

> **▎知识拓展▎**
>
> ### 表象
>
> 表象是当事物不在面前时，人们头脑中出现的关于事物的形象。或者说，表象是在没有刺激呈现的情况下，人们关于事物的心理复现。例如，我们现在回想起刚入学时的情景，这种在我们头脑中复现的形象就称为表象。

（二）想象与客观现实的关系

想象的形象并不是凭空产生的，而是对过去感知并通过记忆保持下来的表象进行加工改造的结果。如果人们对于某类事物从来没有感知过，那么在他们的头脑中就不会出现以这类事物为材料的想象。天生的聋人想象不出美妙动听的音乐，天生的盲人也想象不出五彩缤纷、生机盎然的大自然美景。所以想象和其他心理过程一样，都是对客观现实的反映。

> **▎知识拓展▎**
>
> ### 想象的生理机制
>
> 想象是人脑的机能。人在感知客观事物的过程中，大脑皮层上形成了暂时神经联系，留下了痕迹，这些联系是动态的，它们不断分解、补充、改造、结合。当生理上这些分解后的联系重新结合成新的联系，便创造出新的形象，这就是想象过程。从这个意义上说，想象和其他心理过程一样，都是大脑皮层的机能。现代科学研究表明，下丘脑—边缘系统与大脑皮层共同参与想象的形成。如果人的下丘脑—边缘系统受到损伤，可能产生特殊的心理错乱，表现为人的行为缺乏程序性、自觉性，不能拟订简单的行动计划，不能编拟未来的行动程序。下丘脑—边缘系统的损伤使想象能力遭到了破坏。因此，想象的生理机制不仅位于大脑皮层上，还位于脑的深层部位，即下丘脑—边缘系统。想象是大脑皮层和皮下共同活动的机能。

二、想象过程的构成方式

想象过程是对一个已有表象进行分析综合的过程，即从旧的表象中分析出必要的元素，按照新的构思重新结合，创造出新的表象。它有以下几种独特的构成方式。

（一）黏合

黏合是把两种或两种以上客观事物的元素、属性、特征、部分在头脑中结合在一起形成新的形象。通过这种综合活动，人们创造了许多童话、神话中的形象，如孙悟空、美人鱼、飞马等。人们在科学技术的创造发明中也运用了这种综合方式，如水陆两用的坦克，就结合了坦克与船的某些特征。

（二）夸张与强调

夸张与强调是改变客观事物的正常特征，使事物的某一部分或某一种特性增大、缩小、数量增加、颜色加深等在头脑中形成新形象的过程，如千手观音、九头鸟、巨人国、小人国等。

（三）典型化

典型化就是把一类人或事物共同的特征浓缩成一个个别形象的过程。它是文学、艺术创作的重要方式。如鲁迅笔下的阿 Q 就体现了旧时代中国民众的共同弱点。

（四）拟人化

拟人化就是把人类的特点附加于某些动植物甚至非生物上，从而形成新形象的过程。如海里的龙王，成精的古松、花仙、白蛇与青蛇等都是拟人化的产物。

三、想象的种类

按照想象活动是否具有目的性，想象可以分为无意想象和有意想象。

（一）无意想象

无意想象是一种没有预定目的、不自觉的想象。它是指当人们的意识减弱时，在某种刺激的作用下，人们不由自主地进行想象。例如，人们看到天上的白云，会不由自主地将其想象成一堆棉花、一群绵羊等。无意想象是最简单、最初级形式的想象，也是幼儿想象的典型形式。

梦是无意想象的一种极端形式的表现。它是人们在睡眠状态下的一种漫无目的、不由自主的想象。人们在睡觉时，大脑皮层会产生一种弥漫性抑制，如果抑制发展不平衡，大脑皮层上有些区域的神经细胞仍处于兴奋状态，就会出现梦。在梦中，人的心理活动不受意识的控制，因而梦中出现的形象或它们之间的联系和关系有时虽然荒诞离奇，似乎离现实很远，但其实构成了梦境的一切素材，都是做梦者曾经经历过的事物，是对已有表象进行加工改造重新组合成的新形象，依然是客观现实的反映。做梦是脑功能正常的表现，它不仅无损于身体健康，而且对脑的正常功能的维持是必要的。

疾病和药物也会引起无意想象。例如，精神病患者由于意识发生混乱，头脑中常常产生超常的幻觉，认为自己是世界上最伟大的人或总认为有人在跟踪他、暗害他；某些药物也可能会使人的意识发生混乱，使人产生一些离奇的幻觉。

（二）有意想象

有意想象是按照一定目的、自觉进行的想象。人在实践活动中，为完成某项活动任务所进行的想象，都是有意想象。

根据想象内容的新颖程度和形成方式，有意想象可以分为再造想象、创造想象和幻想。

1. 再造想象

再造想象是根据言语的描述或图样的示意，在人脑中形成相应新形象的过程。所谓再造，是指这个新形象并非自己的独创，而是根据当前任务或所提供的材料，在词语或其他元素的调节下，运用个人经验把自己没有感知过的新形象在头脑中加工改造出来。如教师给幼儿讲《白雪公主》的故事时，幼儿头脑中会"再造"出白雪公主和七个小矮人的形象。

再造想象也有一定的创造性。由于表象的储备、生活经验、情感体验等不同，对于同样的描述、同样的示意，人们总是以自身独特的方式去进行创造想象。例如，不同的人读了《红楼梦》后，头脑中出现的林黛玉的形象绝不会完全相同。从这个意义上说，想象总是带有一定的创造性。

再造想象在人们的生活中具有重要的意义。它能帮助人们摆脱狭小的生活圈子，形象地掌握不曾感知或无法感知的事物。例如，人们可以根据词的叙述和图解，通过再造想象再现出某些历史事件或空间上远离自己的事物，拓展自己的认知。再造想象还能帮助人们更加生动具体地理解和记忆所学的知识，形成明确的观念和概念。

幼儿的想象主要以再造想象为主，如几个小朋友在一起拿着玩具锅、铲、勺子等玩"过家家"，用笔给洋娃娃"打针"等，整个游戏过程就是以再造想象为线索。为培养和发展幼儿再造想象的能力，教师和家长应扩大幼儿的活动范围，带领幼儿多接触外部世界，认识周围的事物，丰富幼儿的表象记忆；同时逐步引导幼儿掌握好语言和各种标记的意义，使幼儿从语言描述和符号标记中激发想象。

2. 创造想象

创造想象是在创造活动中，根据一定的目的、人物，在人脑中独立地创造出新形象的心理过程。创造想象的主要特点是首创性、独立性、新颖性。创造想象不仅新颖，而且是开创性的，比如幼儿想象太阳能够被种植，全世界就没有寒冷的地方了等。实践证明，科学研究上的重大发现和创见，生产技术和产品的改造和发明，文学家、艺术家的塑造和构思等，都离不开创造想象，所以创造想象是各种创造活动的重要组成部分。

创造想象比再造想象更困难、更复杂，它需要对已有的感性材料进行深入的分析、综合、加工、改造，在头脑中进行创造性的构思。但它们之间又有着紧密的联系，再造想象有创造性的因素，创造想象必须依靠再造想象的帮助。任何一项创造活动，总是离不开前人的经验。鲁迅先生谈到他的创作时说过："如要创作，第一须观察，第二是要看别人的作品……必须博采众家，取其所长，这样才能够独立。"因此，要丰富和发展幼儿的创造想象，必须发展幼儿的再造想象，积累大量的表象，这样才能逐渐出现创造想象的成分。

3. 幻想

幻想是指向未来，并与个人愿望相联系的想象，它是创造想象的特殊形式。幻想不立即体现在人们的实际活动中，而是带有向往的性质，幻想的形象是人们希望所寄托的东西。

依据事物发展的客观规律与社会要求，在现实中可能实现的幻想，我们把它叫作理想，如长大了想成为老师、医生等。理想是有益的，它能把光明的未来展现在人们的面前，鼓舞人们顽强地去克服困难，坚定地朝着既定的目标前进，是激发人们在学习、工作中发挥创造性和积极性的巨大动力。反之，不以客观规律为依据，甚至违背事物发展的客观进程，没有实现可能的幻想，我们把它叫作空想。如有的人整天好吃懒做、无所事事，却又幻想着一夜暴富、万人景仰，其结果也只能是浪费时光。空想是一种消极的想象，它对人的精神起着瓦解和腐蚀的作用，一个长期陷入空想的人，只会碌碌无为、一事无成。

积极的幻想是创造实现的必要条件，是科学预见的一部分，是激励人们创造的重要精神力量。由于存在着对未来的幻想，人们被激励着不断努力、奋发前进。例如，古人曾幻想腾云驾雾、展翅高飞，这种幻想推动人们创造了现代飞行工具——飞机；古人曾幻想有千里眼、顺风耳，这种幻想推动人们发明了望远镜与电话……随着现代科学技术的发展，许多过去的幻想都逐渐变成了现实。因此，人类劳动所创造的各种产品，也可以看成是幻想的现实化。当旧的幻想实现后，人们又可能产生新的幻想，并为实现这些幻想而努力。因此，积极的幻想推动人们为更美好的未来而奋斗，推动了社会的进步和发展。一个没有幻想的人是没有创造性和进取心的，而一个缺乏幻想的民族是没有未来的。我们要尊重孩子的幻想，也就是要尊重他们的梦想，几乎每个孩子都有自己的梦想，梦想是孩子对自己未来的美好憧憬。教师要正确引导、大胆培养幼儿敢于幻想、善于幻想的品质，发现他们的闪光点，让幼儿从小就能积极幻想，并为实现自己的幻想而努力。

四、想象在幼儿心理发展中的作用

想象对于幼儿而言，无论是在其求知的过程中，还是在心理健康发展的过程中，都有非常重要的作用。

（一）想象具有预见作用，指导着人们前进的方向

想象是知识进化和创造发明的源泉：科学家的发明、工程师的设计、作家的人物塑造、艺术家的艺术创作、工人的技术革新、学生的学习等，所有这些都离不开人的想象。所以说，没有想象就没有科学的预见，也就没有创造发明。

（二）想象可以填补人们认识过程的空白

在实际生活中，有许多事物是人们不能直接感知的，如古时候人类生活的情景、宇宙中的星球等，这些时间久远的、遥远的事物，人们要直接感知是非常困难甚至是不可能的。只有想象才能弥补这种不足，扩大人们的视野，填补人们感知的空白，丰富人们的生活。

（三）想象是维持心理健康的重要手段

当人们在现实生活中与人发生矛盾时，如果能把自己想象为对方，可能就会多几分理解和宽容，使矛盾消弭于无形。当某些需要不能得到满足时，人们也可以利用想象的方式使自己得到心理的满足。例如，幼儿想当一名汽车司机，但由于能力所限而不能实现，他们可以在游戏中把排列起来的小椅子想象成小汽车，把椅子背当作方向盘，让其他小朋友做乘客，开心地开起"小汽车"，从而满足自己的需求。

教师的教育中也充满着想象。富有想象力的教师，会根据幼儿的心理特点和已有的发展水平设计出良好的教育方案，激发幼儿的积极性，并想象幼儿在各种教育活动中可能出现的问题，防患于未然，优化教育的效果。

第二节　幼儿想象的发展

> **┃小思考┃**
>
> 有人说："幼儿的想象比成人更丰富，幼儿也更善于想象。"你认为这种说法有没有道理？为什么？

幼儿期是想象最为活跃的时期，想象几乎贯穿幼儿的各种活动，幼儿的思维、游戏、绘画、音乐、行动等都离不开想象。幼儿期也是想象发展最快的时期。下面我们从想象发

展的有意性、创造性和现实性来分析幼儿想象的发展特点，并据此探讨如何培养幼儿的想象力。

一、幼儿的无意想象和有意想象

整个学前期，幼儿的想象以无意想象为主，但有意想象也在教育的影响下逐渐发展。

（一）幼儿的无意想象

在幼儿的想象中，无意想象占主要地位，特点表现为以下几个方面。

1. 想象的目的不明确

幼儿的想象常常是由外界刺激物直接引起的，不指向于一定的目的，也不能按一定的目的坚持下去。例如，小班幼儿看见白大褂，就想象自己当医生；看见小碗、小勺，又想象喂娃娃吃饭；看见小书包，就想象自己当小学生。如果没有玩具，幼儿往往会呆呆地坐着或站着，不知道该做什么，或者别人在做什么他也跟着去做。在幼儿园的区角活动中，我们看到小班幼儿在搭建积木，问他搭的是什么，他自己也说不出来，等搭完了，他才告诉你是大马（其实根本看不出来）。幼儿的年龄越小，想象的目的越不明确。

2. 想象的主题不稳定，易受外界的干扰而变化，并且内容零散无系统

幼儿初期，幼儿想象的主题不稳定，很容易从一个主题转变到另一个主题，这主要是由于此时的幼儿以直觉行动思维为主。如在游戏中，幼儿一会儿当妈妈，一会儿又去当服务员，看到别人在当模特，又跑去当模特。在绘画中也是如此，幼儿在画树，看到别人在画大马，他又去画大马。幼儿想象的主题极不稳定，且内容比较零散，想象的内容之间不存在有机的联系。如在同一幅画中，幼儿会把他感兴趣的东西都画下来，天马行空，不受时间、空间的约束，也不管物体之间比例的大小。他的画中可能有高楼、人物、花、草、高跟鞋，其中高跟鞋画得比楼还高。他会把这些编成一个故事说出来，尽管在成人听来有点儿莫名其妙、不合逻辑。

3. 从想象的过程中获得满足

幼儿的想象往往不追求达到一定的目的，只满足于想象进行的过程，会对感兴趣的内容反复进行想象。例如，幼儿在绘画过程中，常常在一张纸上画了一样又一样东西，直到把整张纸画满为止，甚至最后把整张纸都涂满颜色，口中还念念有词。在听故事时也是如此，他们反复听同一个故事依然兴致盎然。在讲故事时，讲故事和听故事的幼儿都非常投入、津津有味，他们同时进行想象，并感到极大的满足；但成人一听，却不知道他们在讲什么。

4. 想象过程受情绪和兴趣的影响

幼儿在想象的过程中常表现出很强的兴趣性和情绪性。情绪高涨时，幼儿想象就很活

跃。在幼儿园，教师表扬了幼儿一次，他非常高兴，就会产生丰富的联想，头脑中浮现出教师喜欢他、不断表扬他的情景。另外，兴趣也会影响幼儿的想象，幼儿对感兴趣的游戏会多次重复。如幼儿喜欢玩"过家家"，他们就会经常在一起玩"过家家"的游戏，扮演爸爸妈妈、宝宝，乐此不疲。幼儿对喜欢的故事也愿意反复听，重复想象。

从以上特点可以看出，幼儿的想象以无意想象为主，因此，教师要根据幼儿无意想象的特点合理组织活动，从而正确引导幼儿无意想象的发展。

（二）幼儿的有意想象

幼儿的想象虽然以无意想象为主，但有意想象已经开始萌芽，并在教育的引导下逐步发展。

（1）中班以后，幼儿的想象已具有一定的有意性和目的性。例如，通过教师对故事前半部分的描述，幼儿会根据故事情节进行有意想象，续编故事；幼儿在画画的过程中也能先想后画，而且按照自己想的去画。这就表明幼儿已有明确的想象目的，想象的有意性开始发展，想象的内容也日益丰富。

（2）大班以后，幼儿想象的目的进一步明确，主题逐渐稳定，而且想象具有一定的独立性。例如，一个5岁多的女孩画画，画之前女孩说："我想画小猫咪。"她先画了猫头、猫耳朵，再画猫眼，然后画了条地平线，画了些小花和绿草。接着又画兔子，她说："画只小兔子。哎呀！不像，不像！像什么啊？"但这时又突然想起来："小猫还没有嘴呢！也没画胡子！"她边画边说："小猫笑了，胡子翘老高。"有的孩子则会连续几天画同一个主题的画，每天都画，毫不厌倦。

有意想象是需要培养的，教师应组织幼儿进行各种主题明确、内容系统的想象活动，启发幼儿根据主题准备各种材料，如游戏中的玩具、绘画材料等。同时，在培养幼儿的有意想象的活动中，教师的语言提示非常重要。

二、幼儿的再造想象和创造想象

幼儿的想象以再造想象为主，创造想象是在再造想象的基础上逐渐发展起来的。

（一）幼儿的再造想象

整个幼儿期，幼儿的想象以再造想象为主，特点表现在以下几个方面。

1. 想象依赖于成人的语言描述

幼儿在听故事时，想象随着成人的讲述而展开，如果讲述时配以直观图像，幼儿的再造想象会进行得更好；如果只有直观图像而没有讲述或提示，则幼儿的再造想象很难充分展开。游戏中也是如此，年龄越小的幼儿越依赖于教师的语言提示。

2. 想象常根据外界情境的变化而变化，在很大程度上具有复制性和模仿性

幼儿在玩"过家家"时，给娃娃喂饭、穿衣服、哄睡觉等动作实际上就是在模仿妈妈的动作，与他们的生活经验有着密切的关系。

3. 实际行动是幼儿想象的必要条件，在幼儿初期尤为突出

一个小班幼儿在捏橡皮泥，问他要捏什么，他的手在不停地动，但回答不上来。过了一会儿，他突然将橡皮泥拿到教师跟前说："看，小兔子。"其实教师根本看不出来是什么，只不过当他捏的形状恰巧比较符合他头脑中的小兔子的表象时，他就说自己捏了只小兔子。由于这种想象的形象与幼儿头脑中保存的小兔子的形象差不多，所以它的创造性成分是比较少的。

根据再造想象的这些特点，教师在游戏和活动中要注意对幼儿进行适当的语言提示，丰富幼儿的生活经验和知识，引导幼儿在行动中进行想象。

（二）幼儿的创造想象

在教育的影响下，在中班以后，幼儿的再造想象中开始出现创造性的成分。幼儿想象的内容变得更丰富，新颖性增加，独立性发展到较高水平，力求符合客观现实。例如，幼儿画了大轮船以后，会在旁边画上几条小鱼；画了节日的大红灯笼后，会在旁边添几个气球、加几条彩带。幼儿能够运用创造想象进行一些创造性游戏和活动，也会有一些富有创造性的作品。例如大班幼儿画的"秋天的苹果树"，其中可见已萌发了可喜的创造因素，如图 5-1 所示。对此，教师要给予保护、鼓励，并创造条件促使幼儿创造性的发展。

图 5-1　秋天的苹果树

三、幼儿的想象与现实

幼儿的想象常常脱离现实或与现实混淆，这是幼儿想象的突出特点，表现为以下几个方面。

（一）想象具有夸张性

这一点主要表现为夸大事物的某个部分或某种特征。幼儿喜欢听童话故事、看动画片，是因为童话故事或动画片中有许多夸张的部分，如小人国、巨人国、蓝精灵、大头儿子和小头爸爸等。幼儿自己讲述事情时也喜欢用夸张的手法，如"我家有一屋子玩具""我昨天吃了一大锅饭"。至于这些说法是否符合实际，幼儿是不会关心的。在幼儿的画作中，我们也可以看到这种夸张性。例如，画的高跟鞋比楼房还高，给小朋友画了一条长长的胳膊。

幼儿想象的夸张性是幼儿心理发展特点的一种反映。由于幼儿的思维还处于直观形象思维阶段，往往抓不住事物的本质和主要特征，所以他们只能把在认识过程中留下深刻印象的事物表现出来。此外，幼儿的想象受情绪和兴趣影响较大，所以他们感兴趣的、喜欢的东西，就在他们的意识当中占据主要地位。对于喜欢的人，他们就把所有的优点都加到他身上；希望自己家的东西比别人的好，就拼命去夸，甚至自己也信以为真。

（二）想象与现实混淆

幼儿经常会把想象与现实混淆，主要表现在以下 3 个方面。

（1）把渴望得到的东西说成已经得到了。例如，有的幼儿看到别人有漂亮的洋娃娃，会说"我家也有"，可事实上妈妈还没有给她买回来呢。

（2）把希望发生的事情当作已经发生的事情来描述。例如，一位中班幼儿在周一的时候听同学讲去海洋世界的事，听得很开心，自己也很想去玩。于是，他把玩的过程根据同学的讲述进行想象，然后跟其他同学说自己去海洋世界玩的"经历"。

（3）在参加游戏或听故事时，容易身临其境，产生与游戏或故事中的角色同样的情绪反应。例如幼儿园里小班老师带着小朋友们玩"小红帽"的游戏，当老师扮演的大灰狼抓到小朋友扮演的小红帽，作势要吃掉她时，她喊道"你是老师，怎么可以吃人呢！"并拼命挣扎，大哭不止。

小班幼儿将想象与现实混淆的情况比较多。例如，由于玩游戏时过于沉迷于想象的情境，有的幼儿甚至把游戏中的"饭"吃了。

为什么会出现想象与现实混淆的情况呢？这是因为幼儿的认知水平比较低，思维发展水平也比较低，记忆不够精确；还有些幼儿特别渴望的事情，经过反复想象在头脑中留下了深刻的印象，以至于变成了记忆中发生过的事情，使得记忆表象和想象表象混淆起来。

▌知识拓展▐

幼儿为什么喜欢童话故事

幼儿为什么那么喜欢听童话故事呢？因为童话故事中的人物形象比较生动和鲜明，能够作为幼儿想象的支柱。如果真人真事的报道离幼儿的知识经验较远，或语言较为抽象，则难以作为幼儿想象的依据。

有人曾对幼儿喜欢童话故事的原因进行研究，认为童话故事比较符合幼儿想象的特点，原因主要有以下几点。

（1）人物角色数量不多，每个人物有一两种显著特征。好坏对比鲜明，比喻浅显易懂。

（2）情节变化迅速、明显，所描述的环境常常突然发生变化，对好人或坏人的赏罚报应会立即实现。

（3）内容夸张。

（4）结构重复或重叠。

随着年龄的增长，中、大班幼儿将想象与现实混淆的情况相对较少。幼儿在听完有些故事后会追问"是真的吗？"，甚至有些幼儿会要求教师"讲个真的"。这说明他们已经意识到了想象与现实是有区别的。尤其是大班幼儿，他们的认知能力逐渐提高，经验也逐步增加，一般能够分辨真的和假的、向往的和真实的。例如六一儿童节，教师组织幼儿看表演。当大灰狼出场时，小班幼儿神情紧张、担心不已；大班幼儿则非常镇定，有的还会安慰小班幼儿："这不是真的，是叔叔扮演的，别怕。"

针对幼儿想象现实性的发展特点，教师在组织活动时，要尽量使幼儿享受活动的乐趣，在轻松愉快的氛围中接受教育；同时要尽量避免引起幼儿的恐惧、害怕等情绪，尤其是小班幼儿，教师要随时关注他们的情绪变化，适时进行说明，以减少他们的紧张感。此外，家长和教师还要特别注意：不要把幼儿谈话中一切与事实不符的话都简单地归结为说谎，并予以严厉的批评；而要深入了解、耐心引导，丰富幼儿的生活经验，理解幼儿想象中那些不合理的因素，小心呵护幼儿的想象，帮助幼儿分清想象与现实，促进幼儿想象的发展。

整个幼儿期，幼儿的想象以无意想象和再造想象为主，有意想象和创造想象开始发展。幼儿思维活跃，敢于幻想，因此有人说幼儿比成人更善于想象。这种说法是不正确的，因为想象的水平直接取决于表象的数量以及分析综合能力的发展程度，而幼儿的知识经验及语言水平远不如成人，表象的丰富性和准确性也不是很完善，思维的发展水平也远不如成人，所以幼儿想象的有意性、创造性和丰富性都不如成人。但是，幼儿期是幼儿想象非常活跃的时期，家长和教师应予以重视，发展幼儿想象。这也是促进幼儿智力发展的一个重要方面。

第三节 幼儿想象的培养

想象是知识进化的源泉，是人类进步的基础。有实验表明，幼儿的世界是充满想象的世界。每个人艺术的天分，正是从孩提时代的想象开始萌发的。黑格尔说过："想象是艺术

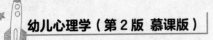

创造中最杰出的艺术本领，富于想象力是儿童的天性。"每个幼儿都有自己独特的创造能力，他们的想象也是极其丰富的，他们的言行中处处蕴藏着灵感和智慧的火花。但如何让幼儿展开想象的翅膀，让想象对他们今后的学习、生活、工作产生积极的影响呢？

一、扩大幼儿视野，丰富幼儿的感性知识和经验

想象虽然是新形象的形成过程，然而这种新形象也是在过去已有的记忆表象的基础上加工而成的。也就是说，想象的内容是否新颖，想象发展的水平如何，取决于原有的记忆表象是否丰富，而原有的记忆表象丰富与否又取决于感性知识和经验的多少。

感性知识和经验的积累，就是幼儿想象发展的基础。因此在实际工作中，教师要指导幼儿去感知客观世界，多让他们去看、去听、去模仿、去观察，通过参观、旅游等活动开阔幼儿的视野，积累感性知识，丰富生活经验，增加表象内容，为幼儿的想象增加素材。例如，教师带领小朋友进行户外活动，当看到蓝蓝的天上有片片白云时，有个小朋友不禁大声喊："老师，我真想采下一片白云。"教师问："为什么啊？""我想吃啊，好甜。那是棉花糖啊！"看来这个小朋友可能经常吃棉花糖。而另一个小朋友则说："那不是棉花糖，那是我爷爷放的一群羊。"原来这个小朋友的爷爷在农村养了一群羊，他对羊的记忆表象特别清晰。可见，感性知识和生活经验对幼儿的想象是很重要的。幼儿个体的经历不同，想象的内容也有区别。

二、保护幼儿的好奇心，激发求知欲

好奇是人的天性，求知是人的本能。好奇、好问是幼儿与生俱来的特点。例如，在户外活动时，幼儿看见天上的飞机会抬头边看边喊"飞机、飞机"；看到路边的小花，总想去闻一闻；看到电灯会亮，总想拆下来看个究竟；看到自然角的小乌龟，会和它说悄悄话；甚至看见马路上的汽车，也想去碰一碰。他们不仅会有这样或那样的行为，而且还会问出很多问题，如"我为什么叫这个名字？""我从哪里来？""苍蝇为什么会飞？人为什么不喜欢苍蝇？""电视里为什么有人？"等。幼儿的问题之多会让成人惊叹。他们会问很多奇怪的问题，甚至有的问题会令成人感到尴尬。有时他们还会打破砂锅问到底，一直追问"为什么"。这时成人应该热情、耐心地对待幼儿的提问，而不能说"去去去，问题真多，真麻烦！"或"你怎么这么多事啊？"，否则，势必会打击幼儿的积极性，挫伤他们的自尊心，其新鲜感和兴奋感会很快消失，思维模式也会越来越固定，想象的空间就会消失，创造的热情也会降低。教师要善于将幼儿的好奇心引导为求知欲，多深入幼儿的世界，用幼儿的眼睛去看事物，多和他们交流，了解他们的想法。当幼儿在游戏中遇到困难的时候，教师不是马上告诉他们解决的方法，而是用提问等方法启发他们的思维和调动他们的积极性，引导他们找到解决的方法。

　　除了要保护幼儿的好奇心，教师也应该经常向幼儿提一些引导他们去观察、思考、探索的问题，给他们想象的时间和空间。例如，班级里一般都会有自然角，教师会指导幼儿种一些蔬菜、花草。如果在水里的蒜头发了芽，而没有在水里的蒜头没有发芽，教师可以先引导幼儿去观察，再将一些幼儿的想法分享出来和所有的幼儿一起讨论，使得每个幼儿都有表现自我的机会。幼儿在表现欲得到满足时，就会产生探索的欲望。

三、提高幼儿的语言水平，促进幼儿想象的发展

　　语言可以表现想象，幼儿的语言水平直接影响着想象的发展。幼儿在表达自己想象的内容时能进一步激发想象活动，使想象的内容更丰富。因此，教师在丰富幼儿的表象的同时，还要发展幼儿的语言表达能力。例如，通过故事续编、仿编诗歌等形式，鼓励幼儿大胆想象，并用语言表述出来；看图讲故事时，指导幼儿认真观察，鼓励幼儿将看到的内容讲述出来；春游或秋游之后，让幼儿描述在游玩中看到的事物及游玩之后的心情。此外，鼓励幼儿用绘画、捏泥土等方式进行大胆想象和创造，并通过语言进行表述和解释，也可以发展幼儿的想象力和创造力。

四、在各种活动和游戏中发展幼儿想象

　　游戏是幼儿活动的主体，可以说，幼儿是生活在游戏中的。游戏是一种娱乐活动。在游戏的过程中，幼儿以积极主动的态度投入，在无形中促进了观察、认知、记忆、思维、想象等能力的发展。因此，教师要重视幼儿的游戏，为幼儿的游戏创造良好的条件。首先，教师要给幼儿充足的游戏时间，不要随意缩减幼儿的游戏时间。其次，教师要为幼儿创造良好的游戏环境。游戏环境不能过分强调干净和整齐，应在保证安全卫生的同时便于幼儿游戏；可以适当增添新的器材，变换场地布置，使幼儿对游戏环境始终有兴趣。再次，教师要保证幼儿有足够的适合他们的游戏材料。教师还可以和幼儿一起收集废旧材料，自制玩具。幼儿自制的玩具也许很简单，却是他们自己的劳动成果，对于自己的发明创造，他们也会更爱惜、想象得更多。最后，教师要对幼儿的游戏进行指导，并以组织者、指导者、协调者、引导者和参与者的角色参与游戏，利用游戏情境和游戏材料等激发幼儿对游戏的兴趣。教师要改变在游戏中的权威意识，改变固定的规则，让幼儿在游戏中不断创新，让游戏给幼儿带来更多的欢乐。幼儿在游戏中体会了创新的乐趣，就会自觉地将这种创新意识带到其他的活动中去。

五、开展丰富多彩的创造性活动，发展幼儿想象

　　幼儿富有想象力，会无拘无束地表现自己的童心和童趣。创造性活动的优势在于它

能给予幼儿各种机会和空间，给幼儿提供各种挑战。所以，开展丰富多彩的创造性活动是发展幼儿想象的一条捷径，会为幼儿创造更多想象的空间。在创造性活动中，教师可以为幼儿开放班级的工具区，提供各种材料，用变化的活动方式给幼儿带来愉快的情感体验和持久的创作热情。教师根据幼儿的年龄特点和兴趣爱好，为他们提供合适的、多样化的材料，引导他们创造不同的作品，就会发现每一个幼儿都有一片属于自己的天空。例如在小班，同样是模仿小鱼，幼儿会做出多种姿势，每一种姿势都来自他们对小鱼的理解。在搭积木时，幼儿搭建出很高的"楼"，"楼"的高度逐渐增加，倒塌的可能性也会直线提高，教师可以引导幼儿想办法让"楼"既高又不会倒塌，以发挥幼儿的想象力和创造力。也许要经过多次努力才能成功，但这会激发幼儿不断想象和探索，也会不断提高幼儿探索的热情。这样，就能让幼儿从自己的创作过程及教师的鼓励中体验到想象和创造的成功、快乐和自信。

本章思考与实训

一、思考题

（一）单项选择题

1. 以客观现实的发展规律为依据，在现实中可能实现的幻想，我们将其称为（　　）。

  A. 空想　　　　　　　B. 幻想　　　　　　　C. 理想　　　　　　　D. 表象

2. 幼儿常把希望发生的事当作已经发生的事来描述，这是幼儿想象特点中的（　　）。

  A. 想象的主题不稳定　　　　　　　　B. 想象的目的不明确

  C. 想象易同现实相混淆　　　　　　　D. 想象的目的明确

3. 梦是（　　）的一种极端形式的表现。

  A. 有意想象　　　B. 无意想象　　　C. 创造想象　　　D. 再造想象

4. 吴承恩构思猪八戒的形象是（　　）。

  A. 无意想象　　　B. 再造想象　　　C. 幻想　　　D. 创造想象

（二）问答题

1. 想象过程有哪些构成方式？请举例说明。

2. 结合幼儿想象的特点谈谈如何组织幼儿的活动。

二、案例分析

某幼儿特别喜欢听古典音乐，也很崇拜音乐家。有一天，他跟妈妈说："今天，肖邦叔叔到我们幼儿园来了，还给我们弹钢琴呢！"妈妈听了吓了一跳，认为孩子在说谎。请根据幼儿想象的有关原理，对此例加以分析。

三、章节实训

1. 实训要求

请选择一个班级，设计一个符合该班幼儿想象特点的观察记录表。填写记录表，并根据记录结果提出进一步培养和发展该班幼儿想象的策略。

2．实训过程

（1）6人组成一个小组。

（2）分工合作，设计一个表格。

（3）在幼儿的一日活动中记录幼儿表现，并从不同的维度分析某个幼儿的想象发展状况，如想象的目的、想象的创造性、想象的现实性等。

（4）分析该幼儿想象发展的特点并提出培养策略。

（5）评估这种策略的科学性与实用性。

3．样表

幼儿姓名		班级		观察者	
项目实施	具体表现	特点分析	培养策略	效果	备注
集体教育活动					
游戏					
区角活动					

第六章

幼儿的言语

【本章学习要点】

1. 理解言语的概念、种类及作用。
2. 掌握幼儿言语的发展。
3. 掌握幼儿言语能力的培养策略。

【引入案例】

刚刚4岁的时候，因为父母工作忙，经常要出差，他被送到上海的外婆家让外婆照顾。过了半年，父母去上海看他的时候，发现他已经不说北京话了，而是"阿拉""侬"的一口上海腔。这小孩学说话学得多快啊！刚刚的父母想，要是把刚刚送到在美国工作的大姨那儿，他是不是不到一年就能说一口流利的英语呢？想想自己，参加工作后才学英语，学得多慢啊！

问题：刚刚父母的这种猜测有没有道理？幼儿为什么学语言比成人容易？他们的言语能力是天生的吗？幼儿的语音、词汇、句法和语言运用能力是怎样不断丰富和完善的？怎样才能有效促进幼儿言语的发展？

幼儿期是人一生中掌握语言最为迅速的时期，也是最关键的时期。人的一切心理特点都是在言语活动的基础上存在和表现出来的。掌握、理解幼儿言语发展的特点和规律并在教育实践中加以运用，才能因材施教，分析、解决幼儿言语发展中遇到的问题并找到促进幼儿言语发展的良好策略。

第一节　言语概述

言语的发展是幼儿发展的一个重要方面。理解言语的内涵及种类，是学习掌握言语相关知识、理解幼儿言语发展特点以及促进幼儿言语发展的基础和前提。

一、言语和语言的概念

日常生活中，人们往往将"言语"和"语言"混为一谈。其实，"言语"和"语言"是两个独立但又紧密相关的概念。

（一）语言与言语的含义

1. 语言

语言是什么？皮亚杰认为语言是人类最灵活的心理表征方式。它帮助我们交流思想、表达情感，也是思维的重要工具。因为有了语言，这个世界才变得文明又多彩。具体来说，语言是人类在社会实践中逐渐形成和发展起来的交际工具，是一种社会上约定俗成的符号系统。语言是一种社会现象，它的基本结构材料是词。词是一种符号，标志着一定的事物。词按一定的语法规则结合在一起，构成短语和句子，为人类提供了最重要、最有效的交际工具。

2. 言语

语言存在于人们的言语活动中。人们使用语言进行交际的过程就是言语。使用一定语言的人，他的说话、听话、阅读、写作等活动，就是作为交际过程的言语。言语是一种个体心理现象。

（二）语言与言语的关系

语言和言语是两个既有区别又有联系的概念。

1. 语言和言语的区别

语言是交际和思维的工具，言语则是对这种工具的运用。语言是社会现象，具有较强的稳定性；言语是个体心理现象，具有个体性和多变性。研究语言的科学是语言学，而言语活动则是心理学的研究对象。

2. 语言和言语的联系

言语是借助于语言来进行的，离开语言这种工具，人就无法表达自己的思想或意见，也就无法进行交际活动；同样，语言掌握得不好，个人言语活动的效能就比较低，如幼儿掌握的词少，与人交流的水平就低。语言也离不开言语，因为任何一种语言都必须通过人们的言语活动才能发挥其交际工具的作用，才能不断丰富与发展。如果某种语言不再被人们用来进行交际，它将从社会上消失。例如古汉语中的很多词今天都不再使用了，它们也就不再是现代汉语的建筑材料了。

二、言语的种类

言语通常分为两类：外部言语和内部言语。在外部言语向内部言语的过渡中，还有一种过渡言语。外部言语又包括口头言语（对话言语和独白言语）和书面言语，其具有各自不同的特点。在日常生活中，有的人擅长口头言语，有的人擅长书面言语。

（一）外部言语

1. 口头言语

口头言语是以听、说为主的言语，通常以对话和独白的形式来进行。

对话言语是指两个或两个以上的人直接进行交际时的言语活动，如聊天、座谈、辩论等，是通过相互谈话、插话的形式进行的。对话言语的突出特点是情境性、简略性，即它与交谈双方当时所处的环境相联系，因而是"前后呼应"的，而且这种情境性也带来了该言语特有的简略性。例如，老师要求同学们讨论一个问题，过了一会儿老师问："怎么样？"大家听后，自然懂得老师指的是讨论得怎么样了，而用不着老师说："你们讨论得怎么样了？"对话言语是一种最基本的言语形式，其他形式的口头言语和书面言语都是在对话言语的基础上发展起来的。

独白言语是个人独自进行的言语活动，如报告、讲课、演讲等，演员在舞台上的独白也是一种独白言语。独白言语是在对话言语的基础上发展起来的，比对话言语更复杂，表达时要求提前做好准备，用完整、准确、连贯的言语表达自己的思想。独白言语是说话者有准备、有计划且独自进行的言语活动，对语速和发声都有一定的要求。

2. 书面言语

书面言语是指人们用文字来表达思想和情感的言语。它是通过视觉、发音器官和手部的协同活动实现的。书面言语的出现要比口头言语晚很多。因为文字是书面言语的工具和手段，没有文字就没有书面言语，所以幼儿总是先掌握口头言语，在此基础上通过专门的训练逐步掌握书面言语。书面言语和独白言语一样，往往要有较长的酝酿时间。

（二）过渡言语

在外部言语向内部言语的发展中，有一种介于外部言语和内部言语之间的言语形式，称为过渡言语，即出声的自言自语。它体现了幼儿言语的发展所经历的由外到内的过程，皮亚杰把它称为"自我中心语"。幼儿的自我中心语是其自我中心思维的表现。维果茨基则认为，幼儿的自言自语是朝向自己的言语，应该称为"私人言语"，而不是"自我中心语"。这种言语形式是形式上的外部言语和功能上的内部言语的结合，是从社会化的外部言语向个人的内部言语过渡的必要阶段和中心环节。

（三）内部言语

内部言语是一种自问自答的言语活动，或是一种不出声的言语活动。它是只为语言使用者所意识到的内隐的言语，具有隐蔽性和简略性。内部言语是在外部言语的基础上产生的。幼儿先发展外部言语，学会与成人进行言语交际；然后才在环境的影响下，随着言语机能的发展与成熟，由外部言语经过内化作用而产生内部言语。

内部言语是一种特殊的言语形式，是对自己的言语，不执行交际功能。因而一般来说，它比外部言语简略，常常是不完整的。它突出了自觉的分析综合和自我调节功能，与思维具

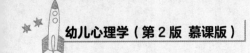

有密不可分的联系。人们不出声的思考，往往就是利用内部言语进行的。

内部言语与外部言语相互联系、相互促进：口头言语和书面言语是内部言语的外显表现，口头言语和书面言语的发展推动了内部言语的发展，而内部言语的发展又有助于口头言语和书面言语水平的提高。

知识拓展

语言获得理论

一、环境论

环境论者强调环境和学习对语言获得的决定性影响。环境论有以下几种。

（一）模仿说

传统的模仿说认为，幼儿学习语言是对成人语言的模仿，幼儿语言只是成人语言的简单翻版。选择性模仿说认为，幼儿学习语言并不是对成人语言的机械模仿，而是有选择性的。

（二）强化说

从巴甫洛夫的经典条件反射学说和两种信号系统学说到斯金纳的操作性条件反射学说，都认为语言的发展是一系列刺激反应的连锁和结合。

（三）社会交往说

社会交往说认为幼儿不是在隔离的环境中学语言，而是在和成人的语言交往实践中学习。

二、先天决定论

该理论否定环境和学习是语言获得的因素，强调先天禀赋的作用。

（一）先天语言能力说

该学说主要是由乔姆斯基提出的，他认为让人类幼儿能够说话的决定因素不是经验和学习，而是先天遗传的语言能力，即普遍的语法知识。

（二）自然成熟说

勒纳伯格认为，生物的遗传素质是人类获得语言的决定因素，语言以大脑的基本认识功能为基础，语言的获得有关键期。

三、环境与主体相互作用论

以皮亚杰为代表的一派主张从认知结构的发展来说明语言发展，认为幼儿的语言能力仅仅是大脑一般认知能力的一个方面，而认知结构的形成和发展是主体和客体相互作用的结果。

三、言语的功能

言语与其他心理活动有着密切的关系，对人的心理发展具有重要意义。

1. 认知功能

认知功能是言语最基本的功能，即言语被用来传递某种知识、信息或观点。在交往过程中，人们总是力图通过言语向对方传递信息、传授知识，以改变对方的认识；同时，人们也通过言语认识客观事物、自己的心理和行为，这使人的心理行为具有自觉的性质。

2. 符号功能

言语具有运用符号系统来交流思想的功能，言语中的每一个词都被赋予了一定的意义，当人们说出某些词时，其他人都理解它们所代表的事物，这是人们在长期的社会生活中约定俗成、固定下来的。正因为言语具有符号功能，人们才能通过它来交流思想、沟通感情，进行正常的社会活动和社会交往。

3. 概括功能

言语中的词是客观事物的符号，任何一个词都代表一类事物或一类现象。词可以帮助我们迅速认识和概括出新事物的特征。人们借助词才能进行抽象思维，认识事物的本质属性，更好地认识和改造客观世界。

4. 交际功能

言语可以用来增强情绪体验、联络情感。人们说出或写出的言语都是表露在外的，因而能为别人所感知和接收。在言语交际过程中，为了获得较好的交际效果，说话人往往通过情真意切的话语感染听众，唤起他人同样的思想和情感。此外，人类积累的知识和经验要传递到后世，也必须依靠言语活动。

言语在幼儿心理发展中也起着极为重要的作用。首先，幼儿掌握言语的过程也是幼儿社会化的过程。幼儿可以通过与同龄人和成人的言语交际，丰富自己的知识和经验，从而促进心理机能的发展。其次，幼儿言语的发展对其认知过程的发展有重要作用。例如，幼儿借助词，可以把感知的事物及其属性标示出来；可以对相似的物体及其特征加以比较，辨别物体间的差别；可以分出事物的主要和次要特点；可以概括地感知同类事物的共同属性，认识事物的共同特征，从而认识同类的未知事物等。例如，幼儿吃过西瓜，知道西瓜是甜的，之后听说桂圆是甜的，则幼儿不用直接尝桂圆便知其味甜。

第二节　幼儿言语的发展

幼儿在幼儿前期已经发展了初步的言语交往能力。在与成人不断交往的过程中，在实践活动日益复杂化的基础上，幼儿的言语能力迅速发展。幼儿期是言语不断丰富的时期，是人熟练掌握口头言语的关键时期，也是人从外部言语逐步向内部言语过渡并初步掌握书面言语的时期。

一、幼儿外部言语的发展

幼儿先发展外部言语，再发展内部言语。就外部言语而言，幼儿先发展口头言语，再发展书面言语。

（一）幼儿口头言语的发展

幼儿口头言语的发展，主要表现为语音、词汇、语法及口语表达能力的发展。

1. 语音的发展

3岁前，幼儿在语音发展方面已经取得了巨大成就，完成了从感知语言（或理解语言）到说出语言的过渡。

幼儿在从感知语言向说出语言的过渡中经历了如下过程。

在周围环境的影响下，特别是在成人的反复教育下，幼儿能够将所听到的词逐渐与某一特定的具体事物联系起来，后来他们只要听到这个词就能产生相应的反应。例如，成人说"袜袜呢？"，幼儿就看"袜袜"（这是一种定向反应）。此时，幼儿还只是对声音做出反应。约在幼儿末期，在声音和物体或动作相联系的基础上，幼儿才逐渐对声音的内容发生反应，开始"理解"词的意义。但这时，幼儿能听懂的词是十分有限的，成人说词时要伴随相应的动作（如一边说"拍手"，一边做拍手的动作），幼儿才能听懂。

在幼儿期语音发展的基础上，1～3岁幼儿的言语发展有了明显进步。一般认为，在这个阶段，幼儿的言语发展分为两个子阶段：1岁到1岁半是理解语言阶段，幼儿对成人所说内容的理解程度有了进一步发展；1岁半后到3岁是积极言语发展阶段。到3岁末时，他们已经完成了从感知语言到说出语言的过渡，为3岁以后言语的发展奠定了基础。

4岁左右，幼儿的发音正确率明显提高。一般认为，在正常教育下，4岁幼儿的语音发展基本结束，他们已经能够掌握本民族语言的全部语音，但在实际使用时有些音往往发不准确。因此，教师必须重视幼儿的发音练习，尤其是对4岁左右的幼儿，更应实施正确的语音教育。只要不是存在生理缺陷，在正确教育的影响下，幼儿末期的幼儿都能正确发出各种语音，如表6-1所示。

表 6-1　城乡3～6岁幼儿发音的正确率

年　　龄	声母		韵母	
	城	乡	城	乡
3岁	66%	59%	66%	67%
4岁	97%	74%	100%	85%
5岁	96%	75%	99%	87%
6岁	97%	74%	97%	95%

2. 词汇的发展

词汇是言语的基本构成单位。词汇量越丰富，就越容易表达思想；掌握的词汇越多，对事物的认识就会越深。因此，词汇的发展是言语发展的重要标志之一。幼儿词汇的发展有如下特点。

（1）词汇量逐渐增加。国内外有关研究材料表明，幼儿期是人一生中词汇量增加最快的时期，3～4岁幼儿词汇的年增长率最高。3～6岁幼儿的词汇量是以逐年大幅度增长的趋势发展的，词汇的增长率呈逐年递减趋势。一般估计，3岁幼儿的词汇量为800～1 100，4岁幼儿为1 600～2 000，5岁幼儿为2 200～3 000，6岁幼儿的词汇量可以达到3 000～4 000。

幼儿对同类词的掌握表现出一定的顺序。决定幼儿掌握新词顺序的因素有两个。一是意义的复杂程度，即意义越复杂，幼儿掌握得越晚。例如，在表示维度的词中，幼儿最先掌握的是"大"和"小"，而对"深"的掌握就比较晚。二是幼儿所依靠的非语言策略，这种策略是根据幼儿关于事物类别的概念结构形成的。

（2）词类范围不断扩大。随着词汇量的增加，幼儿掌握的词类范围也在不断扩大，这主要体现在词的类型和词的内容两个方面。幼儿一般首先掌握名词，如周围人的名称（爸爸、妈妈、爷爷、奶奶等）、运输工具（汽车、火车等）、食品（巧克力、牛奶、饼干等）、身体器官（手、眼、耳、鼻等）、衣服用品（鞋、裤、袜、裙等）等。这些名词具有具体形象的支持，幼儿较易掌握。其次是动词，大多是描绘人和动物动作的动词。再次是形容词和其他实词。最后掌握虚词，即意义比较抽象的词，一般不能单独作为句子成分，包括介词、连词、助词、叹词等。幼儿掌握虚词不仅时间较晚，而且比例也很小，只占词汇总量的10%～20%。

伴随年龄的增长，幼儿掌握同一类词的内容也在不断扩大。他们先掌握与日常生活直接相关的词，再过渡到与日常生活不太相关的词，词的抽象性和概括性也进一步提高。以名词的发展为例，幼儿使用频率最高和掌握最多的名词，都是与日常生活密切相关的，如"日常生活环境类""日常生活用品类""人称类""动物类"，而像"政治、军事类""社交、个性类"等与日常生活距离较远的抽象词则随着年龄的增长才逐渐被他们掌握。

（3）对词义的理解逐渐加深。随着生活经验的丰富与思维的发展、词汇量的不断增加，幼儿对所掌握的每一个词本身的含义的理解也逐渐加深。

幼儿最初对词义的理解是混沌、未分化的，因为幼儿理解力弱，还不能理解界定一个概念的核心特征，而且缺乏相应的词的储备。例如，幼儿最初使用一个词时，容易倾向于过分扩张词义，无意中使其包含了比成人所理解的更多的含义。他们可能用"狗狗"一词称一只猫或是一只兔子，甚至一切全身长毛、四脚、有尾巴的动物。这种过度扩张的倾向在1～2岁时最为明显，到了3～4岁时逐渐减弱。如果幼儿不知道"西瓜"一词，则可能仅仅是为了达到谈论"西瓜"的目的，而使用某种相似物体的名称（如"球球"）称呼西瓜。在词义扩张的同时，幼儿还有词义缩小的倾向，即把他们初步掌握的词仅仅理解为最初与词结合的那个具体事物。例如，认为"桌子"一词仅仅指家里的某张桌子。随着年龄的增长，幼儿对词的概括性联系系统逐渐发展，对词义的理解趋向于丰富和深刻化。

此外，幼儿使用词语的积极性在增加，既理解又会运用的积极性词汇在增多，仅理解而不会正确使用的消极性词汇也在增多，于是会出现乱用或乱造词的现象。例如，把"一个人"说成"一只人"，把"一条裤子"说成"一件裤子"等。

幼儿词汇的发展虽然有以上 3 个特点，但总体来说，幼儿对词汇的掌握还是不够丰富和深刻的。对于多义词，幼儿通常不能掌握它的全部含义，只能掌握其最基本和最常用的含义。幼儿对词汇的概括性也比较差，在理解和使用上也常常发生错误。因此，教师应该重视丰富和发展幼儿的词汇，帮助他们正确理解词义、正确运用词汇。

3. 语法的发展

人类所有的语言都具有复杂的语法结构，幼儿要学会某种语言就必须掌握该语言的语法结构，否则就很难理解别人的话，也不能很好地表达自己的思想。幼儿在与环境的不断交往中，自然掌握了一些语法结构和句型，表现在以下几个方面。

（1）句子从简单到复杂，从不完整到完整。幼儿在习得句子的过程中，最先学会的是单词句，如"狗狗"，它可能指的是所有的四脚动物。之后发展为双词句（电报句），如"妈妈，饭饭"，它可能表示"饭是妈妈的"，也可能是指"妈妈在吃饭"。而后又发展到简单句，如"我叫小明，我爱画画"。最后学会结构完整、层次分明的复合句，如希望被评价时，会说"我是个好孩子，是吧，妈妈"。

幼儿最先掌握的句子不仅简单，而且常常不完整，会漏缺句子成分或者顺序排列不当。其原因可能与幼儿思维中的自我中心有关，他们误以为自己明白的事别人也明白。而且幼儿说话时带有很强烈的感情色彩，他们往往把容易激起兴趣和情绪的事物当作重点，急于抢先表达出来，因而在说话时往往把宾语提前了。例如，幼儿可能这样向家长转述他所看到的某一情景："摔了一跤，在滑梯上，她哭了。"他是想告诉家长有个小朋友在滑梯上摔倒了，哭了。一般到 6 岁左右，幼儿说出来的句子才会比较完整，如说因果复合句时，能说出关联词"因为"等，如表 6-2 所示。

表 6-2　幼儿使用简单句和复合句的比例

年龄	简单句/%	复合句/%
3岁	96.2	3.8
4岁	88.5	11.5
5岁	87.6	12.4
6岁	80.9	19.1

▎案例分析▐

一个14个月大的幼儿被成人抱着时，着急地往柜子的方向挣扎，嘴里叫着"ta，ta"（音）。成人先给他拿出奶粉，他又摇头又摆手，说："xi，xi。"于是成人给他拿来糖罐，问："是这个吗？"他用尽力气喊："xi，xi。"成人拿一块糖放在他嘴里，他的脸上露出了笑容。

此案例中的幼儿言语发展处于单词句阶段，特点是表达不够明确，语音不够清晰，必须辅以表情和动作。教师和家长在教育过程中不能笑话幼儿，应教幼儿正确的发音和完整的语句。

（2）句子从无修饰语到有修饰语，长度由短到长。随着词汇量的增加以及使用修饰语能力的增强，幼儿所说的句子的长度也在增加。华东师范大学的研究人员分析了 2～6 岁幼儿简单陈述句的平均长度的发展，发现 2 岁时幼儿说的句子的平均长度为 2.9 个词，3.5 岁时为 5.2 个词，到了 6 岁增长到了 8.4 个词。句子长度的增加表明了幼儿语言表达能力的进一步提高。

（3）句子从混沌一体到逐步分化。幼儿早期语言的功能中表达情感（如表示"高兴"与"不高兴"）、意动（语言和动作结合表示愿望）和指物（叫出某一物体的名称）3 方面是紧密结合、没有分化的，表现为同一句话在不同场合可以表达不同的意思。例如，幼儿说出单词句"糖糖"，既可能是指物的功能，表示"这是糖糖""我看到了糖"的意思，也可能是意动的功能，表示"我要吃糖""给我糖"的意思，还可能是表达情感的功能，表示"我看见糖很高兴"的意思等。3 岁以后，这种不分化的现象就会越来越少。

幼儿语句功能的逐步分化还表现在词性和句子结构的逐步分化上。幼儿早期说出的词不分词性，往往把名词和动词混用，还把名词词组当作一个词来使用，如"嘭嘭嘭"既可表示名词"枪"，也可表示动词"开枪"。他们最初使用没有主谓之分的单词句，后来才发展为层次分明的复合句。幼儿这种句子混沌一体的现象反映了其认知水平的低下。

4. 口语表达能力的发展

随着语音的发展、词汇的丰富和语法结构的逐渐掌握，幼儿的口语表达能力也逐渐发展起来，呈现出以下几个特点。

（1）对话言语的发展和独白言语的出现。在幼儿前期，幼儿大多是在成人的陪伴下进行活动的，所以幼儿的言语基本上都是采取对话的形式。进入幼儿期，对话言语进一步发展，幼儿不但能回答问题、提出问题或要求，还会在协调中进行商议性对话，如进行角色扮演游戏时，会互相商量安排游戏情节等。随着幼儿独立性的发展以及活动范围的扩大，幼儿常常离开成人进行各种活动，他们需要独立向别人表达自己的意见和建议、体验和想法，这就促进了其独白言语的产生和发展。

讲述能力的发展是幼儿独白言语发展的重要体现。在幼儿初期，幼儿能主动讲述自己生活中的事情，但句子很不完整，常常没头没尾，让人听得莫名其妙。到了幼儿末期，幼儿不但能系统叙述，而且能大胆自然、生动有感情地描述事情。

（2）从情景性言语到连贯性言语的发展。情景性言语往往与特定的场景相关，说话者事先不会有意识地进行计划，往往想到什么就说什么。连贯性言语指句子完整、前后连贯，能反映完整而详细的思想内容，使听者从语言本身就能理解所讲述的意思的言语。3～4 岁的幼儿，甚至 5 岁的幼儿的言语仍带有情景性。他们说话断断续续的，并辅以各种手势和面部表情，对自己所讲的事丝毫不做解释，似乎谈话对方已完全了解他所讲的一切。到了 6～7 岁时，幼儿才能比较连贯地进行叙述，但其水平也不是很高。连贯性言语的发展使幼儿能够独立清楚地表达自己的思想，同时独白言语也发展起来了。教师应抓住这一时机，促进幼儿从情景性言语向连贯性言语过渡，促进幼儿连贯性言语的发展。

家长和教师要创设适宜的环境并组织幼儿参与多种活动，加强教育和训练，发展幼儿的连贯性言语，使幼儿能够不离题地完整地表述自己的思想，学会通过自己的语言调节自己的行动。

（二）幼儿书面言语的发展

书面言语产生的基础是口头言语，在学前阶段，幼儿正处于口头言语发展的关键时期。幼儿在进入小学之前，已掌握了95%的口头言语。口头言语的迅速发展，为书面言语的学习做了充分的准备。到了幼儿晚期，幼儿往往会主动要求识字、读书。幼儿书面言语的发展包括初步的识字能力和早期阅读能力的发展。

1. 初步的识字能力

识字是学习书面言语的一种内容和方式，初步的认字能力并不仅是指能识一定数量的字，还要让幼儿了解一些有关书面言语的信息，增长学习书面言语的兴趣。通过识字，幼儿能够理解文字的作用，知道文字有具体的意义，可以念出声来，还能把文字与日常说的口语对应起来，又能习得一定的识字规律。教师可以通过设计一些认字活动来培养幼儿初步的识字能力，如"送字宝宝回家"。这样的活动可以让幼儿感受到识字的乐趣，幼儿找出相同的字的同时又复习了这些字，能不断提高识字能力。

2. 早期阅读能力

早期阅读是指幼儿凭借图像、符号、色彩、文学和已有的口语表达能力，有时也借助成人的朗读、讲解来理解读物的活动。早期阅读是幼儿开始接触书面言语的途径。通过早期阅读，幼儿认识了更多的伙伴，接触到了更为丰富和规范的语言句式、形象化的语言表达方式和不同的语言风格，扩大了词汇量，自我获取语言材料的能力也得到了提高。这些宝贵的经验积累，为他们日后读写能力的发展奠定了良好的基础。

幼儿教师和家长要根据幼儿的年龄特点，为幼儿初步的识字能力和早期阅读能力的发展创设适宜的环境，培养幼儿的阅读兴趣，让幼儿养成良好的阅读习惯。

二、幼儿内部言语的发展

幼儿口语表达能力的发展体现了一个从外到内的过程，即从对话言语发展到独白言语，而后又从独白言语经过渡言语产生内部言语。

幼儿在幼儿前期没有内部言语，到了幼儿中期内部言语才产生。幼儿时期的内部言语在发展过程中，常常出现一种介于外部言语和内部言语之间的过渡形式，即出声的自言自语。这种自言自语有两种形式，即"游戏言语"和"问题言语"。

1. 游戏言语

游戏言语是指在游戏和活动中出现的言语，其特点是一边做动作，一边说话，用语言补充和丰富自己的行动。例如，幼儿一边搭积木，一边发出声音："这个放在上边，这个放在下边，这个是大桥，轰，塌了……"这种言语通常比较完整、详细，有丰富的表现力。

2．问题言语

问题言语是指在活动中碰到困难或产生问题时产生的言语，常用来表示对问题的困惑、怀疑或惊奇及解决问题所采用的方法。这种言语一般比较简单、零碎，由一些压缩的词句组成。例如，幼儿在搭积木时，一边看着盒子里的积木，一边自言自语："这个放哪儿？放这儿？……不对！那放这儿？……哎呀，也不行！对了，放这儿，好了。"

对于不同年龄的幼儿，这两种言语所占的比例是不同的。一般来讲，3～5 岁幼儿的游戏言语占比较大，5～7 岁幼儿则问题言语较多。

幼儿中期以后，内部言语逐渐在自言自语的基础上形成。原来由自言自语担负的自我调节功能，随着年龄的增长逐渐由内部言语来实现。

第三节 幼儿言语能力的培养

在幼儿期，幼儿在言语发展方面的成就是巨大的：他们能掌握本民族的全部语音，词汇量迅速增加，使用的句型增多且语句完整，能连贯地表达自己的思想，并且随着内部言语的产生，言语的自我调节功能也得以发展。总之，幼儿期是言语发展的重要时期，因此，无论是教师还是家长都应重视幼儿言语的培养和训练，努力发展幼儿潜在的言语能力。

一、倾听能力的培养

在《幼儿园教育指导纲要（试行）》中，语言领域的目标之一就是"注意倾听对方讲话，能理解日常用语"，要求幼儿养成注意倾听的习惯。良好的倾听习惯是幼儿理解和表达的前提。幼儿要学会听、听得准、听得懂，才有条件正确地模仿。教师要根据幼儿的兴趣和能力，采用各种方法，通过多种活动发展和培养幼儿的倾听能力。

（一）游戏法

教师可通过开展适合幼儿的各种游戏活动发展幼儿的倾听能力。例如，在"你放我猜"活动中，教师播放自然界中的各种声音，如小鸟的叫声、下雨的沙沙声、小狗小猫的叫声等，引导幼儿倾听并模仿，辨别声音的大小、高低，培养幼儿认真倾听的习惯和辨音发音的能力。

（二）复述法

教师讲完故事后，可以请幼儿复述刚才听到的故事，然后请幼儿们选出复述得最完整的幼儿，给予表扬和鼓励。这就要求幼儿必须认真听，养成良好的倾听习惯。

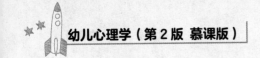

（三）求异法

教师在让幼儿续编故事、仿编诗歌或回答问题时，可以要求幼儿说与别人不一样的答案，这样幼儿必须认真倾听别人的发言，说过的就不能再说了。

二、口语表达能力的培养

《幼儿园教育指导纲要（试行）》指出，要"鼓励幼儿大胆、清楚地表达自己的想法和感受，尝试说明、描述简单的事物或过程，发展语言表达能力和思维能力"。因此，教师和家长要给幼儿创设"说"的环境和条件，让幼儿在模仿中练习，在练习中提高。

（一）重视发音技能的培养，提高幼儿发音准确度

随着年龄的增长，幼儿的发音能力在迅速发展，但幼儿对声母的发音正确率较低，3岁幼儿往往还不能掌握某些声母的发音方法，如经常混淆"g"音和"d"音，"n"音和"l"音，对齿音"z""c""s"和翘舌音"zh""ch""sh"的发音错误率也较高。因此，家长和教师不仅要以自己正确的发音为幼儿做出示范并注意纠正幼儿的错误发音，还要注意对幼儿进行发音技能的训练。例如，教师可以让幼儿朗读顺口溜、诗歌或绕口令，并注意其口型是否正确。对发音不准的幼儿要有耐心，以消除他的紧张感；对具有发音障碍的幼儿要予以鼓励，以提高他的积极性。此外，培养和训练幼儿的发音技能不能只局限于个别发音，还应注意幼儿发音的清楚程度、语调以及对音的强弱控制能力。只有全面训练，才能真正提高幼儿发音的准确度。

（二）提供言语发展的环境，促进幼儿言语的发展

幼儿的言语发展需要一定的环境，如果剥夺和限制幼儿言语发展的环境，幼儿的言语将难以发展。

1. 拓展生活空间，丰富幼儿语言素材

生活是语言的源泉，没有丰富的生活，就不可能有丰富的语言。幼儿的生活范围狭小，生活内容单调，言语发展就迟缓，语言就贫乏。因此，丰富幼儿的生活经验，扩大生活环境，以幼儿的感性认识为切入点，丰富幼儿的语言素材，是发展幼儿言语能力的有效策略。例如，带幼儿走进大自然、社区，使其活动空间不断延伸，并创设丰富的活动内容，拓宽人际交流的空间。随着活动范围的不断扩大，幼儿的阅历丰富了，词汇、句式也不断积累，句子表述逐渐完整，语言的理解能力也不断提高，语言也不断丰富。

2. 创造条件，让幼儿体验语言交流的乐趣

言语本身就是在交往中产生和发展的，因此要为幼儿创设自由、宽松的语言交流空间，尤其是和其他幼儿的交往；还要重视幼儿在交往中用词的准确性和完整性，鼓励幼儿自发、

自信地参与语言交流，帮助幼儿体验语言交流的乐趣。例如，教师每日为幼儿增设一个自由说话的时间，保证幼儿有与朋友交谈、与教师交往的自主性，也有随意安排谈话内容的自由度。教师可以从旁关注他们交流的内容，也可以同伴的身份加入谈话。自由、宽松的语言交流环境使幼儿通过交互传递语言信息体验交往情趣的同时，言语能力也获得发展。

3. 组织有利于幼儿言语发展的活动

幼儿无论学什么，都需要经过反复的实践练习，才能更好地理解掌握。因此，教师应经常组织朗诵会、故事会等，给幼儿创造练习口语表达能力的条件和机会。采取的方式可以是幼儿举手自愿朗诵、讲述，或是分小组进行，有时也可以用击鼓传花等形式让幼儿轮流朗诵和讲述，尽量使每个幼儿都得到练习和锻炼的机会。幼儿可以讲教师讲过的故事、唱教师唱过的儿歌，也可以讲父母亲友教的故事。在这些活动中，幼儿学习了更多新的词语，学会用清楚、正确、完整、连贯的语言描述周围事物，表达自己的情感和愿望。

（三）成人良好的榜样示范

模仿是幼儿的天性，幼儿正处于言语学习的关键期，成人的言语对幼儿的言语学习影响非常大。幼儿的发音、遣词用句，甚至说话的神情、语调都酷似他们最亲近的人。成人良好的榜样示范作用，对幼儿的言语的发展起着潜移默化的作用。因此，成人必须规范自己的言语，主动纠正错误，为幼儿提供积极、正面的影响。

三、早期阅读能力的培养

幼儿期是书面言语发展的准备期。在为幼儿的书面言语发展做准备时，应以培养前读写兴趣为重点，对读写要求不要过于严格，多鼓励幼儿，提高他们学习的积极性，肯定他们的学习态度和成绩，这样才能提高幼儿的识字兴趣和识字能力水平。

教师和家长要共同协作，帮助幼儿做好阅读准备，培养幼儿的早期阅读能力。例如，在幼儿园设立专门的图书角，摆放适宜的幼儿读物，组织幼儿分享读书收获，及时提醒和督促幼儿纠正不正确的阅读方式，帮助幼儿养成良好的阅读习惯。

本章思考与实训

一、思考题

（一）单项选择题

1. （　　　）是个人不出声的言语活动，是不发挥交际功能的言语。

    A. 口头语言　　　　B. 书面语言　　　　C. 内部言语　　　　D. 过渡言语

2. 幼儿时期的言语学习主要是（　　　）。

    A. 阅读训练　　　B. 书面言语的学习　C. 口语练习　　　　D. 识字学习

（二）问答题

1. 言语在人的心理发展中有什么作用？请结合实际加以说明。

2. 结合幼儿言语的发展特点谈谈如何培养幼儿的言语能力。

二、案例分析

强强是一个4岁的幼儿，他喜欢自言自语。搭积木时，他边搭边说："这块放在哪里呢……不对，应该这样……这是什么……就把它放在这里当作枪吧……"搭完一个机器人后，他会兴奋地对着它说："你不要乱动，等我下了命令后，你就去打仗！"

请根据幼儿言语发展的有关原理，对此例加以分析。

三、章节实训

1. 实训要求

请选择一个班级，设计一个观察该班幼儿言语发展水平的观察记录表。填写记录表，并根据记录结果提出建议。

2. 实训过程

（1）6人组成一个小组。

（2）分工合作，设计一个表格。

（3）从不同的角度记录某个幼儿的言语发展情况，如词汇、语法、句子等。

（4）分析该幼儿的言语发展特点并提出进一步的发展策略。

（5）评估这种策略的科学性与实用性。

3. 样表

幼儿姓名		班级		观察者	
项目实施	具体表现	现状分析	发展策略	效果	备注
集体教育活动					
游戏					
区角活动					

第七章

幼儿的思维

【本章学习要点】

1. 理解思维的概念、种类、品质、过程及形式。
2. 掌握幼儿思维发展的规律及特点。
3. 掌握幼儿思维能力培养的策略。

【引入案例】

小明是一个 3 岁零 3 个月大的孩子，十分活泼可爱。可是令他的父母不解的是，小明无论做什么事情都不爱事先多思考。例如，玩积木时，让他想好了再去搭，他却总是拿起积木就开始随便搭，搭出什么样，就说搭的是什么，在绘画或要解决别的问题时也是这样。父母认为这样不好，便总是要求小明想好了再去行动，可是小明却常常做不到。小明的父母时常为此而感到烦恼。

问题：小明为什么会这样？如果你是老师，你会给小明的父母提出什么样的教育建议？

下雨天为什么会打雷？闪电是从哪里来的？为什么天上只有一个太阳？……这是幼儿经常会问家长和老师的问题。随着年龄的增长，幼儿的感性经验越来越丰富，但问题却越来越多，这说明幼儿的思维和言语能力有了快速的发展，他们对事物的内部特征和规律越来越好奇。那么，什么是思维？幼儿的思维与成人有什么不同？怎样才能培养幼儿良好的思维能力？这就是本章我们所要研究的内容。

第一节　思维概述

思维是人脑特有的机能，理解思维的概念、种类、品质、过程和形式，是认识幼儿思维发展规律及特点的基础。

一、思维的概念

人们日常所说的思考、考虑、沉思等都可称为思维。思维和感觉、知觉、记忆、言语之间有着千丝万缕的联系，它是人认识事物的高级形式。

（一）思维的含义

思维是人脑对客观事物间接的、概括的反映，是借助语言和言语来揭示事物本质特征和内部规律的认知活动。思维与感知觉是人最基本的心理过程，是人脑对客观事物的反映。但是，感知觉是客观事物直接作用于感觉器官时的反映，它反映的是事物的外部特征和外部联系，属于认知活动的低级阶段。思维则是对事物的本质特征及内在规律间接的、概括的反映，属于认知活动的高级阶段。感知觉和思维之间有着密切的联系，思维是在对事物感知的基础上产生的，如果没有大量的、丰富的感知材料，思维就无从产生；而思维也使得人们的感性认识更加深刻，使人们的感知活动更明确、更深入。幼儿正处于思维发展的初级阶段，其思维的发展更离不开感知觉的发展。

思维与言语是密不可分的。首先，思维主要借助言语来实现，言语是思维的主要载体。言语中的词都是对事物一般属性和联系的概括，词是思维活动必不可少的材料，如"食物"是对各种可以食用的物品的概括。但是言语不是思维的唯一工具，人们还可以利用表象、动作来思考，用手势、表情来表达思想。其次，言语也离不开思维，只有通过思维，言语的各种功能才得以实现。在幼儿思维的发展中，言语与思维的关系尤为密切，因此发展幼儿的言语对发展幼儿的思维具有非常重要的意义。

> **┃ 知识拓展 ┃**
>
> ### 思维——地球上最美丽的花朵
>
> 　　众所周知，人类的新生个体的自我活动能力是很差的。生物的进化水平越高，它的新生个体独立生活的能力就越差。人类新生儿从一个毫无独立生活能力的弱者成长为一个能改造自然与社会的强者，需要经历漫长的发展过程。而用于认识世界的抽象思维能力，更是发展的一个极其重要的方面。从某种意义上说，正是因为有这一能力，人才成为人。思维能力是物质发展的最高成就。恩格斯曾把"思维着的精神"说成是"地球上最美丽的花朵"。

（二）思维的特性

不同的个体在具体的思维过程中表现出一定的差异性，这种差异性主要体现在思维的特性上。

1. 思维的间接性

思维的间接性表现在思维活动不反映直接作用于感觉器官的事物，而是借助一定的媒介和一定的知识经验对客观事物进行间接反映。例如，医生通过看化验单诊断病情；教师通过幼儿的表现分析幼儿的发展状况并据此制订教学计划；考古工作者通过化石和古物复现出古人的形象和生活场景；我们早晨起来看到屋外的地面非常湿，就知道昨天夜里下过雨；等等。思维的间接性使人们可以推测未来、了解过去，超越感知觉提供的信息，揭露事物的本质规律，从而具有无限的认知能力。

2. 思维的概括性

思维的概括性表现于思维在大量的感性材料的基础上，把同一类事物的共同的本质特征和规律抽取出来，加以概括。例如，我们之所以能根据地面很湿判断昨天夜里下过雨，是因为我们曾多次见到这样的现象，认识到下雨后的共同特征就是地面是湿漉漉的。这就是人通过思维对下雨这一现象的概括。任何科学概念、定义、定理以及规律、法则等都是通过概括得出的结论。例如，植物生长需要水分，这不仅仅是指树、草，而是指所有的植物，这是从各种植物的生长条件中分析概括而来的。思维的概括性极大地增加了人的认识的广度和深度。

二、思维的种类

根据不同的标准，思维可以分为不同的种类。

（一）根据所要解决的问题的性质、内容和解决问题的方式，思维可以分为直觉行动思维、具体形象思维和抽象逻辑思维

直觉行动思维又称实践思维，是以实际操作解决直观、具体的问题的思维，解决问题的方式依赖于实际的动作。例如，修理工人修理设备可以动手检查，看看设备各部分是否有毛病，这就是应用了直觉行动思维。幼儿最初的思维是以直觉行动思维为主，3岁前的幼儿只能在行动中思考。例如，幼儿将玩具拆开，又重新组合起来，动作停止，他们的思维也就停止了。

具体形象思维是利用物体在头脑中的具体形象来解决问题的思维。例如，我们要去某个地方，事先会在头脑中构思各种路线。我们运用头脑中的形象进行分析、比较，最后选择一条最近、最方便的路线，这样的思维就是具体形象思维。3～7岁的幼儿更多的是运用具体形象思维解决问题。艺术家、作家、导演、设计师的具体形象思维一般都非常发达。

抽象逻辑思维是运用概念，根据事物的逻辑关系来解决问题的思维。例如，我们思考太阳为什么会东升西落，为什么会有春夏秋冬等，就需要运用抽象逻辑思维。抽象逻辑思维是靠言语进行的思维，是人类所特有的思维。幼儿只有抽象逻辑思维的萌芽。

以上3种思维并不是同步发展的。在个体发展中，由于言语的发生和发展较晚，所以直觉行动思维和具体形象思维出现得早一些，而抽象逻辑思维出现得较晚。实际上，在成人的思维活动中，这3种思维活动经常相互联系，共同发挥作用。

（二）根据探索答案的方向，思维可以分为聚合思维和发散思维

聚合思维是把问题提供的所有信息聚合起来得出一个正确或最好的解决方案的思维，其主要功能是求同。当问题只存在一种答案或只有一种最好的解决方案时，通常要采用聚合思维。例如，我们在解决一个问题时，先将众人的意见综合起来，然后形成一个最佳的解决方案。

发散思维是根据已有信息，从不同角度、不同方向思考、探索问题，寻求多种解决方法的思维，其主要功能是求异。例如，在解数学题时对同一个问题采用多种解题方法。

（三）根据是否具有独创性，思维又可以分为常规思维和创造性思维

常规思维也叫再造思维，是人们运用已获得的知识经验，按照现成的方案和程序直接解决问题的思维。例如，学生运用已学会的公式解决同一类型的问题。这种思维创造性水平低，不需要对原有知识进行明显的改造，也没有创造出新的思维成果，不具有独创性。

创造性思维是重新组织已有的知识经验，提出新的方案和程序，并创造出新的思维成果的思维，具有独创性。例如，剧作家创作一个新的剧目，工程师发明一部新机器等。创造性思维是人类思维的高级过程。

> **┃小思考┃**
>
> 结合自己平常思考和解决问题的过程，想一想思维是由哪些过程组成的，有哪些基本形式。

三、思维的品质

思维的基本品质包括思维的深度、思维的广度、思维的敏捷性、思维的灵活性和思维的批判性。

（一）思维的深度

思维的深度是指个体能够深入事物的本质去考虑问题，不容易被事物的表面现象所迷惑，善于透过现象把握本质。例如，苹果落地是司空见惯的现象，牛顿却在此基础上发现了万有引力定律。与思维的深度相对的不良思维品质是肤浅性，即常被一些表面现象所迷惑，看不到事物的本质。

（二）思维的广度

思维的广度是指个体能全面而细致地考虑问题，既注意到事物的整体，又注重其细节；既考虑问题本身，又兼顾与问题有关的其他条件。与思维的广度相对的不良思维品质是片面性和狭隘性，即只根据一点知识或有限的经验去解决复杂的问题，因而常常失败。

（三）思维的敏捷性

思维的敏捷性是指个体在短时间内提出解决问题的正确方案，能够单刀直入地指向问题的关键与核心，迅速地把握事物的本质与规律。与思维的敏捷性相对的不良思维品质是优柔寡断。

（四）思维的灵活性

思维的灵活性是指个体的思维活动能根据客观情况的变化而变化，不仅善于根据客观

实际情况及时提出符合实际的假设和方案，还善于根据具体情况的改变及时修改、调整原有的假设和方案。与思维的灵活性相对的不良思维品质是因循守旧和固执己见。

（五）思维的批判性

思维的批判性是指个体在思维过程中善于以客观事实为依据，严格地根据客观标准来判断是非与正误。与思维的批判性相对的不良思维品质是刚愎自用、人云亦云。

四、思维的过程

思维是通过一系列比较复杂的操作来实现的。人们运用储存在头脑中的知识经验，对外界输入的信息进行分析、综合、比较、分类、抽象概括与具体化的过程，就是思维的过程。

（一）分析与综合

分析与综合是思维过程的基本环节，一切思维活动都离不开头脑的分析与综合。

分析是在头脑中把事物的整体分解成各个部分、方面或个别特征的思维过程。例如，我们把一棵树分解为根、茎、叶、花等，把动物分解为头、尾、足、躯体等，把一篇文章分解为段落、句子和词等。人们对事物的了解，往往是从分析事物的特征和属性开始的。综合是指在头脑中把事物的各个部分、各个特征、各种属性结合起来，了解它们之间的联系和关系，形成一个整体。例如，把单词组合成句子；把文章的各个段落综合起来分析，就能把握全文的中心思想。综合是思维的重要特征，只有把事物的部分、特征、属性等综合起来分析，才能把握事物的联系和关系，抓住事物的本质。

分析与综合是同一思维过程中彼此相反而又紧密联系的过程，任何思维活动既需要分析，也需要综合。分析是以事物综合体为前提的，没有事物综合体就无从分析。综合是以对事物的分析为基础的，分析越细致，综合越全面，分析越准确，综合越完善。例如，学习一篇文章，既要分析，也要综合。经过分析，我们理解了词义和段落大意；经过综合，我们掌握了文章的中心思想，获得了对文章的整体认识。对事物只有分析而没有综合，只能形成片面的、支离破碎的认识；只有综合而没有分析，只能形成表面的认识。只有把分析与综合有机地结合在一起，才能发现事物的联系和关系，更好地认识事物。

分析与综合可以在不同的水平上进行。人可以在直接摆弄物体的情况下进行分析与综合，如大班幼儿用散装的零件自己组装机器人；也可以在直观形象的水平上进行分析与综合，如服装师设计服装、建筑师设计建筑物等；还可以在思想上对抽象的事物进行分析与综合，如刑侦人员分析案情、学生解题等，这是分析与综合的最高水平。

（二）比较与分类

比较指在头脑中把各种事物或现象加以对比，确定它们之间的相同点、不同点及相互关系。人们认识事物，把握事物的属性、特征和相互关系，都是通过比较来进行的。比较是以分析和综合为基础的，只有把不同对象的部分特征区别开来并确定它们之间的关系，才能进行比较。也只有经过比较，区分事物间的异同点，才能更好地识别事物。例如，人们挑选手机，首先要了解不同品牌手机的特点、性能、外形、口碑及价格等，这就是分析。当人们把不同型号的手机一一进行对比时，还要把各种特性结合在一起进行比较，这就是综合。只有这样，最后才能确定选择哪一个品牌的手机。比较是重要的思维过程，有比较才有鉴别，只有通过比较才能找到事物的共同点和差异点，才能正确地确定活动的方向。

分类是在头脑中根据事物或现象的共同点和差异点，把它们区分为不同种类的思维过程。分类是在比较的基础上，将有共同点的事物划为一类，再根据更小的差异将它们划分为同一类中不同的属，以揭示事物一定的从属关系和等级系统。例如，学生掌握生物的概念时，把生物分为动物和植物，又把动物分为有脊椎动物和无脊椎动物等。

由于幼儿的思维发展水平还比较低，因此其往往不是根据事物的本质特征，而是根据事物的外部特征和事物的功能进行分类；随着年龄的增长，抽象逻辑思维发展起来以后，青年期的学生才会按事物的本质特征进行分类。

（三）抽象概括与具体化

抽象是在头脑中把同类事物或现象共同的、本质的特征抽取出来，并舍弃个别的、非本质的特征的思维过程。例如，人们从手表、怀表、电子钟、石英钟、闹钟、座钟、挂钟等对象中抽取出它们共同的、本质的特征，即"能计时"，舍弃它们非本质的特征，如大小、高度、形状等，这就是抽象。

概括是在头脑中把抽象出来的事物的共同的、本质的特征综合起来并推广到同类事物中去的思维过程。

概括是在抽象的基础上进行的，如果不能抽出一类事物的本质属性，就无法对这类事物进行概括。而如果没有概括性的思维，就抽不出一类事物的本质属性。抽象与概括是相互依存、相辅相成的。抽象是高级的分析，概括是高级的综合。抽象、概括都是建立在比较的基础上的。任何概念、原理和理论都是抽象与概括的结果。

具体化是在头脑里把抽象、概括出来的一般概念、原理与理论同具体事物联系起来的思维过程，也就是用一般原理去解决实际问题，用理论指导实际活动的过程。例如，教学中教师引用案例、图解等来说明原理、规律等理论问题或概念。具体化是认识发展的重要环节，它把理论与实践、一般与个别、抽象与具体结合起来，使人更好地理解知识、检验知识，不断深化认识。

上述思维过程，彼此之间并不是截然分开的，而是在实际解决问题的过程中相互联系、相互统一的。

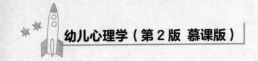

五、思维的形式

思维的基本形式有概念、判断与推理。

（一）概念

概念是人脑反映事物本质属性的思维方式。例如，"人"这个概念已经舍掉了许多东西，如舍掉了男人、女人的区别，大人、小孩的区别，中国人、外国人的区别，只剩下区别于其他动物的特点。换句话说，人的概念只反映人的本质属性，如制造工具、能劳动、会说话和有思维能力等。概念代表着客观事物，是用词作为标志的。每个概念都有它的内涵和外延。内涵是指概念所包含的事物的本质属性，外延是指具有这一本质属性的所有事物。例如，"脊椎动物"这个概念的内涵是有生命和脊椎，外延则是一切有脊椎的动物，如鸟、虎、狼、豹等。概念的内涵和外延之间成反比关系：内涵小，外延则大；内涵大，外延则小。

> **案例分析**
>
> 老师带孩子们去动物园，一边看猴子、老虎、大象等，一边告诉他们这些都是动物。回到班上，老师问孩子们"什么是动物"时，很多孩子都回答"是动物园里的东西""是老虎、狮子、大象……"。老师告诉孩子们"蝴蝶、蚂蚁也是动物"，很多孩子觉得奇怪。老师又告诉他们"人也是动物"，孩子们更难理解，有的孩子甚至争辩："人是到动物园看动物的，人怎么是动物呢？哪有把人关在笼子里让人看的！"
>
> 如何看待孩子们对"动物"这一概念的理解？

（二）判断与推理

人的思维不仅以概念的形式反映事物的本质属性，而且以判断与推理的形式去反映事物有无某些属性及事物间的关联。

判断是概念与概念之间的联系，事物之间或事物与它们的特征之间的联系的反映。例如，"明明是我们幼儿园大一班的小朋友""小小是我们幼儿园中一班的小朋友"。以这两个判断为前提，通过它们的联系得出"明明和小小都是我们幼儿园的小朋友"或"小小不是大一班的小朋友"的结论，这种在已有判断的基础上得出新的判断的过程就是推理。概念、判断与推理是相互联系的。概念是判断与推理的基础，概念的形成要借助于判断与推理。判断是推理的基础，判断本身又是通过推理获得的。概念、判断与推理是思维的 3 种基本形式，任何思想都是通过概念、判断与推理这 3 种思维形式得到表现的。

第二节 幼儿思维发展的规律及特点

由于活动范围的扩大，知识、经验的不断丰富和言语能力的发展，幼儿的思维已有了很大的发展。但各年龄段幼儿思维的发展具有不同的特点。

一、幼儿思维发展的一般规律

幼儿思维的发生和发展有着自身独特的规律，只有深刻认识这些规律，才能科学地实施幼儿教育。

（一）幼儿思维的发生

幼儿的思维在婴儿期开始产生。1 岁以前的幼儿只有对事物的感知，而没有思维。随着活动和言语的发展，幼儿在 1 岁以后开始对事物有了概括的反映，从此出现了人类思维的初级形式。

2 岁以前幼儿的思维主要是直觉行动思维。直觉行动思维是指主要利用直观的行动和动作来解决问题的思维。例如，幼儿通过拖动桌上的布来获得他不能直接拿到的玩具。直觉行动思维离不开幼儿对客体的感知和动作，是幼儿早期出现的萌芽状态的思维。这一时期幼儿的思维总是跟对物体的感知和幼儿自觉的活动紧密相连，思维是在活动中进行的，活动一旦停止或转移，思维也停止或转移，没有活动就没有思维。他们不会想好了再行动，而总是边做边想。例如，问幼儿怎样才能把桌上的玩具拿下来，他马上就会跑去拿。如果叫他想好了再拿，他会理直气壮地拒绝说："不用想，就是去拿。"因此，幼儿必须掌握各种动作，使这些动作成为解决同类问题的概括性手段，并且在这个基础上掌握相应的词，而后才能形成真正的人类的思维。皮亚杰曾明确指出："若剥夺孩子的动作就会影响思维的进程，思维的积极性就会降低。"随着幼儿记忆能力的增强和生活经验的不断增加，3 岁以后幼儿的思维会有跨越式的发展。

（二）幼儿思维的发展

3 岁之后，幼儿的思维有了新的发展。随着动作的发展，幼儿的表象也日益发展。表象在解决问题中所占的地位越来越突出，思维凭借表象来进行的成分越来越多。思维的具体形象性就这样在直觉行动性中孕育，逐渐形成并分化出来，成为幼儿期思维的主要特性。

随着幼儿言语的形成和发展，言语在思维中的作用逐渐增加。起初，语词和形象是紧密相连的，形象的作用大大超过语词的作用。例如，幼儿所能理解的语词，往往都与他们的生活经验密切相连或表示生活中的具体事物，对于抽象的、高度概括的语词，他们是很难理解的。例如，一个幼儿听到妈妈说"那个孩子的嘴真甜"，会问："妈妈，你亲过他的嘴吗？"在他的头脑中，甜不甜是要尝一尝才知道的。随着幼儿年龄的增长，语词的作用逐渐加强，逐渐摆脱动作、表象的束缚，开始成为独立的思维工具。但是，形象在幼儿思维中始终占据优势地位。

总体来说，3～5岁幼儿的思维是直觉行动思维，而后向具体形象思维过渡，但他们理解的是生活中熟悉的和生活经验相联系的事物，时常依赖个别事物的具体形象，概括性很弱；6岁左右的幼儿，抽象逻辑思维开始发展，能掌握较抽象、概括性较强的概念，如家具、蔬菜、交通工具等，开始理解事物发展的逻辑关系。

> **┃知识拓展┃**
>
> ### 皮亚杰对幼儿认知发展阶段的划分
>
> （1）感知运动阶段（0～2岁）：幼儿主要通过探索感知觉与运动之间的关系来获得动作经验，其认识事物的顺序是从认识自己的身体到探究外界事物。这个阶段的一个显著标志是获得了客体永恒性（9～12个月），即当某一客体从幼儿视野中消失时，幼儿知道该客体并非不存在。客体永恒性是更高层次认知活动的基础。这表明幼儿开始在头脑中用符号来表征事物，但是还不能用语言和符号为事物命名。
>
> （2）前运算阶段（2～7岁）：运算是指内部化的智力或操作，此时幼儿的言语能力与对概念的理解以惊人的速度发展。幼儿在感知运动阶段获得的感觉运动行为模式，在这一阶段已经内化为表象或形象模式，具有了符号功能。但他们还不能很好地把自己与外部世界区分开来，认为外界的一切事物都是有生命的，有情感、有人性。而且这个阶段的幼儿在思维方面存在自我中心的特点，认为别人眼中的世界和他看到的一样，以为世界是为他而存在的，一切都围绕着他转。他们思维上还具有只能前推、不能后退的不可逆性，也尚未获得物体守恒的概念。

二、幼儿思维发展的特点

由于幼儿活动范围的扩大，知识、经验的不断丰富和言语能力的发展，幼儿的思维有了很大的发展，主要有以下几个特点。

（一）直觉行动思维在幼儿期继续发展

幼儿最早出现的思维便是直觉行动思维，他们的思维与直接感知和直接活动是分不开的，是在摆弄实物或玩具的活动过程中发展的。因此，幼儿只能考虑自己所接触的事物，只能在动作中，而不能在动作之外进行思考，更不能计划自己的动作，预见动作的效果。活动停止或转移，思维也就停止或转移。幼儿初期的思维也是直觉行动的。幼儿动手玩实物或玩具时，才产生思维。3岁幼儿的思维离不开手的点数，是随着对具体事物的实际操作展开的。

因此要让幼儿保持注意力集中就要围绕同一目标不断变化活动，一次活动时间不宜过长。

随着活动范围的扩大和经验的增加，幼儿的直觉行动思维逐渐发生变化，解决的问题更复杂、方法更概括，言语对直觉行动思维的作用也逐渐增强，具体形象思维开始成为幼儿思维的主要方式。

（二）具体形象思维占主要地位

幼儿期在直觉行动思维的基础上，具体形象思维开始发展，幼儿开始依据对事物的具体形象的联想来进行思维活动。例如，幼儿在游戏活动中扮演角色、遵守规则、按照游戏主题行动，就必须首先形成关于角色、规则和主题的表象，并且根据这些表象来解决问题；听故事时，幼儿是依靠头脑中关于故事人物及其言行的具体形象来理解故事的。所有这些活动，仅仅依靠直觉行动思维是难以实现的，更多的依靠行动本身以及行动条件等表象来进行。这一过程就是那些被压缩、被省略的行动逐渐为表象所代替的过程。随着动作的发展，幼儿的表象日益发展，表象在解决问题中所占的地位越来越突出，思维中的表象成分越来越大。思维的具体形象性就这样在直觉行动性中孕育并逐渐分化，成为幼儿期幼儿思维的主要特性。

实验证明，具体形象性在幼儿的思维活动中表现得十分明显。例如跟幼儿谈及"某人的儿子"，如果对方是个年龄很大、长胡子的大人，他会感到不可思议，因为他认为"儿子"一定是像他一样的小孩，他还没有形成关于"儿子"的抽象概念。在计数时，幼儿也必须把数目和具体事物联系起来才能进行。例如对 4～5 岁的幼儿提问 3 加 4 等于几，他们大多会说不知道，而如果你问他们 3 块糖加上 4 块糖是几块糖，他们通过具体形象性思维会很容易想出答案。

（三）抽象逻辑思维开始萌芽

抽象逻辑思维是依靠语词所代表的概念以及判断、推理来进行的。它反映着事物的共同本质属性和规律性联系。这是人类思维的典型方式，也是高级的思维方式。

幼儿的思维虽然是具体形象的，但是已经有了进行初步抽象概括的可能性。特别是到了幼儿晚期，抽象逻辑思维已开始有所发展。由于抽象逻辑思维是用语词代表的概念、判断、推理的形式来反映客观事物的本质特征和规律的一种高级思维方式，而幼儿的知识经验、言语和抽象概括水平有限，因此，幼儿的抽象逻辑思维还属于低级形式。

这 3 种思维方式在幼儿思维中所占的地位随年龄的增长而变化。直觉行动思维在整个幼儿期虽然还在继续发展，但在幼儿初期比较突出。幼儿中期具体形象思维迅速发展，成为幼儿思维的主要形式。抽象逻辑思维在幼儿晚期开始萌芽、发展。但这 3 种思维方式并不是彼此孤立和相互对立的，而是思维过程中抽象概括水平从低级向高级发展的不同表现。

（四）判断和推理能力随年龄的增长而发展

幼儿对事物的判断、推理，起先是按照事物表面的、外部的联系进行的。他们往往把观察到的事物之间的表面现象作为因果关系，因而判断往往不正确或得出可笑的结论。例如，幼儿看到给花浇水能使花生长，因而也用水浇布娃娃，希望布娃娃长得大一些。幼儿常常根据行为的直接后果判断对错，而不考虑主观动机等因素。随着幼儿知识经验的丰富，他们开始摆脱主观化或自我中心的倾向，逐渐从客观事物本身的内在联系中去寻找判断和推理的依据。例如，"球在斜面上能滚下来，是因为这儿有小山。球是圆的，它就滚了，如果不是圆的，就不会滚了。"

幼儿初期的幼儿常常不能按照事物本身的客观逻辑进行判断和推理，而是以自己对待生活的态度进行判断和推理。例如在计数时，如果问："哥哥吃了4块糖，弟弟吃了2块糖，他们一共吃了几块糖？"幼儿可能不会去回答这个问题，而是问："为什么哥哥吃那么多块糖？应该大家平分。"可见，在幼儿的计数过程中，常常出现题目内容干扰计算过程的现象。幼儿讲述某个事情时，如果别人听不懂，他不会用另外一种方法去表达自己的意思，他不理解别人为什么听不明白，因为这个"逻辑"对他自己来说是很清楚的。到了幼儿晚期，幼儿对某些事物有了一定的知识经验之后，才逐步按照事物本身的逻辑关系进行判断和推理，但水平依然是比较低的。直到进入小学，随着抽象逻辑思维的发展，他们的判断和推理水平才有了更大的提高。

> **┃知识拓展┃**
>
> 心理学家维果茨基曾经做过这样一个实验：在学前初期的幼儿面前摆出4张分别画有马、马车、人、狮子的图画，让幼儿抽掉多余的一张。这时，幼儿毫不迟疑地将狮子抽掉。他认为："叔叔把马套在马车上坐着就走了，他要狮子有什么用？狮子还会把他和马吃掉，应该把狮子送到动物园里去。"但是，大班幼儿就不这样了，他开始有可能将马车抽掉，把其余的图画留着，因为其余的3张画的都是生物。
>
> 由此可见，幼儿的思维是有逻辑的，只是由于经验不足，判断推理往往不正确。在教育的影响下，这种思维的独特性就会逐渐转变。到了学前晚期，在幼儿能理解的事物范围之内，他们一般都能很好地进行合乎事物本身逻辑的判断和推理，尽管在进行这些判断和推理时，他们还缺乏自觉地分析综合自己的思维过程的能力。

（五）理解能力逐渐增强

理解是逻辑思维的基本环节。用概念进行判断推理，有赖于对概念的理解。对概念的理解程度，直接影响着思维的水平。

幼儿的理解水平不高，理解与知觉过程混在一起，属于直接理解，主要表现在以下两个方面。

1. 对事物的理解主要依靠具体事物的形象

随着口头言语的发展，幼儿已经可以通过他人语言的描述来理解各种事物，但语言必须能在幼儿头脑中留下生动形象才能帮助理解。对于困难的材料，如科学故事、诗歌等，他们需要图画或实物的帮助才能理解。研究表明，插图有助于幼儿对文学艺术作品的理解，年龄越小作用越大。

2. 对事物的理解表面化、简单化、刻板化

幼儿对事物或别人的话，往往只能做表面的简单理解，不能理解其深刻的内在含义。例如，在给小班幼儿讲完"孔融让梨"的故事之后，老师问："孔融为什么要把大梨让给别人？"很多幼儿回答"因为他小，吃不完大的"或"因为孔融不喜欢吃梨，像我一样"等。可见幼儿还不能理解这一故事所表达的深刻含义。幼儿对语言中的反义、喻义也比较难以理解。如老师正讲着课，一个幼儿想上厕所，这时好几个幼儿都嚷着要去，场面有点儿乱，老师一气之下喊道："去，去，去，都去厕所待着吧，不用上课了。"这时所有的幼儿会一起跑到厕所，因为他们根本不理解老师所说的是反话。因此，对于幼儿，尤其是小班幼儿，一定要进行正面教育，不能说反话。幼儿的思维常常是比较刻板的，他们对事物的理解比较绝对、固定，如认为只有好人和坏人两类人，"有点儿小毛病，但还算是个好人"这种话幼儿是不能理解和接受的。但随着年龄的增长，到了大班，幼儿一般能够理解事物较复杂、较深刻的含义。

总之，在正确教育的影响下，幼儿的思维逐渐发展。一方面具体形象思维日益发展、完善；另一方面抽象逻辑思维开始形成，判断、推理水平逐渐提高，理解能力逐步提高，参与智力活动的能力逐渐增强。

第三节 幼儿思维能力的培养

思维能力是智力的核心因素。一个人智力水平的高低，主要通过思维能力反映出来。培养一个人的思维能力要从幼儿期开始培养。

一、激发幼儿的好奇心和求知欲

幼儿的特征是爱美、喜新、好奇、求趣，一切美、新、奇、趣的东西，都能引起幼儿极大的注意，并使其产生强烈的兴趣和表达欲望。美国心理学家布鲁纳说："学习的最好刺激乃是对学习材料的兴趣。"因此，教师和家长要带幼儿走进生活、走进大自然，让幼儿多走多看，用自己的眼睛去观察世界、认识世界，并用语言表达出自己对世界的认识。正如陈鹤琴先生所说："幼儿世界是幼儿自己去探讨发现的，他自己索求来的知识才是真知识。"思维的积极性与思维的发展紧密相关，提出问题、解决问题，就是积极思维的过程。幼儿在认识世界的过程中会提出很多问题，如"天为什么是蓝的？""小树没有嘴，它是怎么吃饭长大的？""风是从哪儿来的？"教师和家长应主动、热情、耐心地回答幼儿提出的问题，同时鼓励幼儿好问、多问，表扬他们会动脑筋，培养和训练幼儿探求知识的态度和方法。另外，成人也可以多向幼儿提出各种他们能够接受的问题，引导幼儿在生

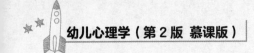
活中多思、多想，如在活动区内布置自然角，在园内开辟生物园地或带领幼儿到户外散步，组织参观访问活动等，帮助幼儿形成主动去掌握知识、乐于动脑筋解决问题的习惯，使幼儿的思维处于积极活动的状态之中，促进幼儿思维的发展。

二、丰富幼儿的感性知识经验

思维是在感知的基础上产生和发展的。人们对客观世界的认识，是通过感知觉获得大量具体、生动的材料，经过复杂的思维活动过程，从而反映出事物的本质和内在联系。幼儿的思维以具体形象思维为主，因此要丰富幼儿的生活经验，用直观形象的方式进行教育，充分利用日常生活中的各种材料，通过直接的操作和活动发展幼儿的思维。如在数学教学中，通过点数实物，幼儿开始真正理解数的含义，而只是口头上会数数并不代表幼儿真正理解了数。单纯的说教和书面知识的学习，因幼儿的理解能力有限，所以效果一般。在幼儿的日常生活和游戏中，利用幼儿所接触的各种事物，可以更好地培养其思维能力。如在认识小动物时，不是罗列一大堆动物的名字，让幼儿知道动物的名称就可以了，而是通过分析，令其了解动物的主要特征。例如，幼儿看到小鸡时，会对小鸡的外形有一个初步的认识，如毛茸茸的；通过分析，幼儿可以了解小鸡的身体特征，如尖尖的嘴巴、圆圆的眼睛和细长的腿脚，对小鸡有了更清楚的认识。在此基础上，还可将小鸡和小狗等其他动物进行比较，找出它们的相同点和不同点，并根据它们的特点进行分类、抽象和概括。在这个过程中，幼儿逐步认识了动物的一些本质特征，头脑中就不是杂乱的、无序的动物名称，幼儿的思维能力也就得到了锻炼和提高。

三、发展幼儿言语、丰富幼儿词汇

言语是思维的工具，幼儿言语的发展是幼儿思维向着更高水平的抽象逻辑思维发展的必要条件。教师应当通过多种途径让幼儿掌握更多的词，能正确使用口头言语表达自己的想法，使幼儿的思维有一个准确、生动的工具。例如，教师可以通过讲故事、复述故事的方法，促进幼儿言语的发展和词汇的丰富，使幼儿能够正确理解和使用各种概念，推动思维灵活性、逻辑性的发展。

四、在游戏中培养和发展幼儿思维

游戏在幼儿思维发展的过程中起着重要的作用。幼儿在游戏中可以学会用表象代替实物做思维的支柱，用思维方式代替实际行动，再经过进一步的抽象和概括，学会用语言符号进行思维。因此，要重视幼儿的游戏活动，应当鼓励幼儿学会玩，给幼儿提供适合他们年龄特点的、丰富的玩具。幼儿有天然的创造力，他们喜欢摆弄玩具，更喜欢自己动手制作玩具。

应当让幼儿通过玩彩泥、拼图、过家家、搭积木、画画等玩的过程去体验成功的愉悦，锻炼其创造的能力。皮亚杰说过，幼儿的思维是从动手开始的，切断动作与思维的联系，思维就得不到发展。所以在拼拼凑凑、剪剪贴贴、一折一画中制作自己的作品，幼儿就能享受到前所未有的喜悦，也能增进对事物的兴趣与制作成功的信心，做到"玩中学，学中玩，玩学之中发展思维"。

五、教给幼儿正确的思维方法

随着年龄的增长，幼儿的感性知识和经验不断地丰富和发展，言语的发展水平也越来越高，这都为思维的发展提供了条件。但只有掌握了正确的思维方法，幼儿才能更好地利用这些条件。家长和教师要引导和教育幼儿通过分析、综合、比较和概括，做出符合逻辑的判断和推理，从而促进幼儿思维能力的发展。

本章思考与实训

一、思考题

（一）单项选择题

1. 医生通过给病人量体温、号脉来推断病人的病情和病因，汽车修理工通过听汽车发出的声音来推断汽车出故障的部位。这体现了思维的（　　）特征。

　　A. 间接性　　　　　B. 概括性　　　　　C. 直接性　　　　　D. 联系性

2. 幼儿期幼儿的思维处于思维发展的（　　）水平。

　　A. 直觉行动思维　　B. 具体形象思维　　C. 抽象逻辑思维　　D. 创造性思维

3. 运用与已知的完全不同的方法来解决问题的思维是（　　）。

　　A. 直觉行动思维　　B. 具体形象思维　　C. 抽象逻辑思维　　D. 创造性思维

（二）问答题

1. 幼儿思维发展的特点有哪些？请结合实际加以说明。

2. 结合实际分析如何培养和发展幼儿的思维能力。

二、案例分析

幼儿教师在幼儿园教学中要使用大量直观形象的教具，以帮助幼儿理解教学内容。教师在给幼儿讲故事时，讲到"大象用鼻子把狼卷起来"，就用手做出"卷"的动作。幼儿也学着教师的样子做出相应的动作，脸上会露出会意的笑容。

分析案例中的现象并回答如下问题。

1. 此案例体现了幼儿思维发展中的什么特点？

2. 根据该特点，教师应如何进行有针对性的教学？

三、章节实训

1. 实训要求

请选择一个班级，设计一个观察该班幼儿思维发展水平的观察记录表。填写记录表，并根据记录结果提出策略。

2. 实训过程

（1）6人组成一个小组。

（2）分工合作，设计一个表格。

（3）从不同的角度记录某个幼儿的思维发展情况，如动作、语言等。

（4）分析该幼儿的思维发展特点并提出进一步的发展策略。

（5）评估这种策略的科学性与实用性。

3. 样表

幼儿姓名		班级		观察者	
项目/实施	具体表现	现状分析	发展策略	效果	备注
集体教育活动					
游戏					
区角活动					

第八章

幼儿的情绪和情感

【本章学习要点】

1. 了解情绪和情感的概念。
2. 学会培养幼儿良好情绪和情感的策略。

【引入案例】

新来的小王老师被园长分在了小班，开学第一周里她发现：班上的宝宝上幼儿园时一般都会有哭闹和不情愿的情况发生。有时，一个宝宝开始哭，其他的宝宝也会莫名其妙地跟着哭，瞬间，班上哭声一片。这让小王老师大为困惑，同时又不知所措。

问题：小班的宝宝入园时为何会表现出哭闹或不情愿的情绪？幼儿老师应如何让新入园的宝宝尽快适应幼儿园生活，克服不良情绪？

幼儿期，情绪和情感正处在发展的关键期，但同时，幼儿对情绪和情感的调节能力较弱，因此，培养幼儿积极向上的情绪和情感，对幼儿的发育成长有重要意义。积极的情绪和情感不但能促进幼儿身体的健康发展，还能促进幼儿智力的发展，有利于幼儿形成良好的行为习惯。要想发挥情绪和情感在幼儿心理发展中的作用，幼儿教师需要了解情绪和情感的一般规律，尤其是幼儿情绪和情感的一般特点，并有针对性地提出培养策略。

本章首先阐述情绪和情感的概念以及幼儿情绪发展的特点等基本理论问题，其次分析幼儿的情绪的发展趋势，最后对幼儿不良情绪产生的原因及防止措施展开讨论。

第一节 情绪和情感概述

俗话说："人非草木，孰能无情？"日常生活中，人们经常表现出的喜、怒、哀、乐，就是人类常见的情绪和情感现象。

一、情绪和情感概念

情绪和情感是既有联系又有区别的两个概念，它们共同的基础是人的需要。因此，我们可以以需要为基本出发点，深刻理解情绪和情感的定义、特征及功能，从而在整体上把握情绪和情感的概念。

（一）情绪和情感的定义及特征

确切地说，情绪和情感是人对客观事物的态度的体验，是人的需要是否获得满足的反映，是人类心理活动的一个重要方面。情绪和情感具有以下特征。

1. 情绪和情感的现实性

情绪和情感总是由客观事物引起，离开了具体的客观事物，人不可能产生情绪和情感。世界上没有无缘无故的爱与恨，就是这个道理。客观事物是情绪和情感产生的源泉，情绪和情感是客观事物的反映。例如在炎热的沙漠中不小心打翻了水袋，在极度干渴的情况下，人容易出现绝望、惶恐等极端负面情绪，而这些情绪的起因，是水没有了。

2. 情绪和情感的主观能动性

人对客观事物的认识、评估是情绪和情感产生的直接原因。换言之，没有对客观事物的认识，便不能产生任何情绪和情感。例如，在非洲大草原上看到一头饥饿的狮子，人会大惊失色、惊恐万分，因为人认识到事情的危险性，对情境的安全系数做了准确的评估。但在动物园看到一头饥饿的狮子，人却泰然处之，毫无恐惧之感。

3. 情绪和情感的个体差异性

人对客观事物的不同认识产生了不同的态度，从而产生了不同的情绪和情感。因为，决定人的态度的是该事物是否符合、满足主体的需要。如果该事物符合并满足主体的需要，人就会对该事物持肯定的态度，产生满意、愉快、高兴的情绪和情感体验；反之，如果该事物不符合、不能满足主体的需要，人便会对该事物持否定的态度，产生不满、愤怒、痛苦、仇视等消极的情绪和情感体验。而人的需要总是千差万别的，具有鲜明的个体差异性，因此面对同样的人、事、物，不同的人的情绪体验会各有不同。

4. 情绪和情感的社会历史性

情绪和情感会受到社会文化环境的影响，而社会文化环境会随着时间的推移发生变化，因而情绪和情感具有社会历史性。

（二）情绪和情感的功能

1. 适应功能

在现代社会中，科学不断进步，文化不断发展，社会不断改革，而社会价值、社会规范、社会观念也随之不断变化，这就使个人对环境的适应产生了困难。现代人适应现代社会发展的要求，往往是通过调节情绪来应对日趋复杂的工作环境和人际关系。一种新观念、新情况出现，人们很难用以往有效的方式进行适当的反映，因而可能出现某种情绪的困扰，长期不能排除，就不能进行正常的学习、生活和工作，这不仅影响工作效率，而且不利于身心健康。相关研究证明，情绪因素既是致病因素，又是治病因素。长期受情绪困扰，会导致焦虑、压抑，引起某些疾病，如偏头痛、高血压、胃溃疡等，以致引起神经或精神疾病。因此对情绪进行自我控制、引导、调节和适当的发泄，既有利于人们适应当今复杂的社会生活，

有助于提高工作效率，也有利于身心健康。

2. 动机功能

情绪和情感是驱策人行为的动机，所谓动机是激励人们行动的原则。动机可以引发并维持主体有组织、有目的、有方向的行为。需要得到满足是行为的内驱力，是行为动机的主要来源。事实上，情绪和情感就是伴随着需要的满足而产生的心理体验。它们对激励人的行为、改变人的行为效率，有着重要的动机功能。情绪和情感的动机功能有正反两个方面：积极的情绪可以使人提高行为效率，起正向的推动作用；消极的情绪则会干扰、阻碍人的行动，降低活动效率，甚至引发不良行为，起反向的推动作用。一般情况下，适度的情绪兴奋性会使人的身心处于最佳活动状态，能促进主体积极行动，从而提高行为效率。维持一定的情绪紧张度有利于行为的顺利完成，过于松弛或过于紧张则对行为的进程和问题的解决不利。

3. 调节功能

情绪和情感的调节功能是指情绪和情感对人体的活动具有组织或瓦解的作用。一方面，这种作用表现为情绪和情感产生时，会通过皮下中枢活动，引起身体各方面的变化，使人能够更好地适应所面临的情境。例如，面对突如其来的险情，恐惧会使人产生应激反应，引起体内一系列生理机能的变化，使人更好地适应变化的环境。另一方面，这种作用表现为情绪和情感对认识活动和智慧行为所引起的调节作用，影响着个人智能活动的效率。心理学家基赫尼洛夫就明确提出了思维活动受情绪调节的观点，认为"协调思维活动的各种本质因素与情绪有一定的联系，保证了思维活动的重新调整、修正，避免刻板性和更替现存的定势"。实践也证实，人心情愉快时，思维格外灵敏；而心情沮丧时，思维会变得迟钝、混乱。

4. 信号功能

人处于复杂的社会环境中，总会与周围的人发生一定的关系，进行一些信息和思想交流。情绪和情感在这种人际关系中有着信号功能，是人际交流的重要手段。情绪和情感有着明显的外显形式，即表情。表情是传播情绪和情感信号的主要媒介。面部表情的喜怒哀乐、声音中的音调变化以及身体姿势都能显示出主体的情绪状态。从他人这些情绪的外部表现中，我们就能得知他对一定事物的好恶态度，以及该事物本身情况的一些信息。在交际过程中，喜怒哀乐等情绪的表情是人们交流彼此的思想、愿望、需要、态度及观点的有效途径。例如，微笑表示满意、赞许和鼓励，怒目圆睁表示个人对事物持否定态度。言语尚未发展起来的婴儿从周围成人的表情中能了解哪些事情受鼓励、应该做，哪些事情受责备、不应该做。幼儿看到陌生人会有些惧怕，这时大人如果用微笑、点头等表情鼓励他，他就会慢慢与之接触而不感到害怕。可见，大人及时的情绪和情感反应是婴幼儿学习、认识世界并发展个性的主要手段之一。同样一句话用不同的音调讲出，带有的情绪色彩也不同，从而会造成不同的理解。所有这些都说明，由各种表情表现出来的情绪和情感使人对环境、事件的认识、态度和观点更具表现力，让人在人际交往中更容易传递信息。

（三）情绪和情感的关系

1. 情绪和情感的区别

（1）从需要的角度看，情绪是和有机体的生物需要相联系的体验形式，如喜、怒、哀、乐等；情感是与人的高级社会性需要相联系的一种较复杂而又稳定的体验形式，如与人交往相关的友谊感、与遵守行为准则规范相关的道德感、与精神文化需要相关的美感与理智感等。

（2）从发生的角度看，情绪是原始的，发生较早，为人类和动物所共有。而情感发生得较晚，是人类所特有的，是个体发展到一定阶段才产生的。情绪发展在先，情感体验在后。婴儿出生不久就产生了反映身体舒适状态的笑等情绪反应，而情感则是在婴儿与社会接触的过程中逐渐产生的。如婴儿对母亲的依恋与爱的情感就是在不断受到爱抚关怀的过程中，愉快的情绪体验持久而稳定下来，从而逐渐培养起来的。

（3）从稳定程度看，与情感相比，情绪不稳定，一般具有较大的情境性、激动性和暂时性。随着情境的改变及需要满足情况的变化，情绪会发生相应的变化。而情感则是具有较大的稳定性、深刻性和持久性的心理体验，是对事物态度的反映，是个性或道德品质中稳定的成分。

（4）从表现形式看，情绪一般发生得迅速、强烈而短暂，有强烈的生理变化，有明显的冲动性和外部表现。而情感则比较内隐，多以内在体验的形式存在。如一个人高兴时手舞足蹈，愤怒时咬牙切齿，这些是情绪的外显表现；但人们热爱祖国的情感是一种内在的深刻体验，不轻易外露，主要在行动中表现。

2. 情绪和情感的联系

情绪和情感虽然有各自的特点，但又是相互联系、相互依存的。一方面，情绪是情感的基础，情感离不开情绪，情感是在情绪稳定固着的基础上发展建立起来的，情感又通过情绪的形式表达出来；另一方面，情绪离不开情感，情绪是情感的具体表现，情感是情绪的本质内容。情感的深度决定着情绪表现的强度，情感的性质决定了一定情境下情绪表现的形式，在情绪发生过程中，往往深含着情感因素。

情绪和情感虽然不尽相同，但却是不可分割的。一般来说，情感是在多次情绪体验的基础上形成的，并通过情绪表现出来；反过来，情绪的表现和变化又受已形成的情感的制约。当人们做一份工作的时候，总是感到轻松、愉快，时间长了，就会爱上这一份工作；反过来，他们对工作建立起深厚的感情之后，会因工作的出色完成而欣喜，也会因为工作中的疏漏而伤心。由此可以说，情绪是情感的基础和外部表现，情感是情绪的深化和本质内容。

（四）情绪和情感的外部表现

情绪和情感发生时，人的身体各部位的动作、姿态也会发生明显变化，这些行为反映被称为表情。表情是人际交往的一种形式，是表达思想、传递信息的重要手段，也是了解情

绪和情感体验的客观指标。人类的表情主要有面部表情、身段表情与言语表情 3 种。

1. 面部表情

人的面部表情最为丰富，它是通过眼部肌肉、颜面肌肉和口部肌肉来表现人的各种情绪和情感的。眼睛是心灵的窗户，各种眼神可以表达人的各种不同的情绪和情感。例如，高兴时眉开眼笑，悲伤时两眼无光，气愤时怒目而视，恐惧时目瞪口呆等。眼睛不仅能传情，而且可以交流思想。人们之间有些事情不能或不便言传，只能意会，而观察他人的眼睛，可以了解他人的内心愿望，推知他人对事物的态度。眉毛的变化也会表现出不同的情绪状态，如展眉欢欣，蹙眉愁苦，扬眉得意，低眉慈悲，横眉冷对，竖眉愤怒等。口部肌肉同样能表现情绪，如嘴角上提为笑、下挂为气，憎恨时咬牙切齿，恐惧时张口结舌。就连表情肌肉有所退化的鼻子和耳朵也能表现人不同的情绪，如轻蔑时耸鼻，恐惧时屏息，愤怒时张鼻，羞愧时面红耳赤等。据心理学家埃克曼研究，人的面部表情是由 7000 多块肌肉控制的，这些肌肉的不同组合使人能同时表达两种情绪。所以，人的面部表情是丰富的。

2. 身段表情

身段表情是通过四肢与躯体的变化来表现人的各种情绪和情感的。例如，从头部活动来看，点头表示同意，摇头表示反对，低头表示屈服，垂头表示丧气；从身体动作来看，高兴时手舞足蹈，悔恨时捶胸顿足，惧怕时手足无措。

3. 言语表情

言语表情是通过音调、音素、音响的变化来表现人的各种情绪和情感的。例如，高兴时语调激昂，节奏轻快；悲哀时语调低沉，节奏缓慢，声音断断续续且高低差别很小；愤怒时语言生硬，态度凶狠。有时同一句话，由于语气和音调不同，就可以表示不同的意思，如"怎么了"既可以表示疑问，也可以表示生气、惊讶等不同的情绪。

（五）情绪和情感的两极性

情绪和情感都具有两极性，这是达尔文在研究人类和动物的表情时，提出的一个对立性原则。情绪和情感的两极性是指情绪和情感不论从何种角度来分析，都可分为向、背两个方向，如肯定和否定、强和弱、紧张和轻松、快乐和忧伤等。一般说来，情绪和情感的两极性具体表现在以下几个方面。

（1）从性质上看，情绪和情感的两极性表现为肯定和否定的对立性质。当个人的需要得到满足时，会产生肯定的情绪和情感，如愉快、高兴、爱慕等；当个人的需要得不到满足时，则会产生否定的情绪和情感，如烦恼、忧伤、憎恨等。肯定的情绪和情感是积极的、增力的，可提高人的活动能力；否定的情绪和情感是消极的、减力的，可降低人的活动能力。构成肯定或否定两极的情绪和情感，并不相互排斥。客观事物之间的联系是极其复杂的，一件事物对人的意义也可以是多方面的。因此，两极对立的情绪和情感可以在同一事物中同时出现。例如，面对困难的烦闷感与战胜困难的兴奋感就会同时出现在某一个人身上。相反的两种情绪、情感在一定条件下甚至还能相互转化，如破涕为笑、乐极生悲等，就是由一个极端转化为另一个极端的实例。

（2）从强度上看，情绪和情感的强弱是不同的。例如，从不安到激动，从愉快到狂喜，从有好感到热爱，等等。在每一对由弱到强的情绪和情感中还存在着许多程度上的差异。例如，从有好感到热爱的发展过程是：有好感—喜欢—爱慕—热爱。情绪和情感的强度取决于引起情绪和情感的事物对人的意义的大小，意义越大，引起的情绪和情感也就越强烈。

（3）从紧张度上看，情绪和情感有紧张和轻松之别。这种两极性往往在人的活动的最关键时刻表现出来。例如，遇到重大的比赛，人们会处于高度紧张的状态，一旦比赛结束，人的紧张状态便逐渐消失，随之而来的是轻松的情绪体验。情绪和情感的紧张度，既取决于当时情境的紧迫性，也取决于人的应变能力及心理准备状态。一般情况下，紧张状态会导致人的积极行为，但是，如果过分紧张，也可能使人不知所措，甚至停止行动。

（4）从激动性上看，情绪和情感还有激动与平静两极。激动的情绪和情感是强烈的、短暂的、爆发式的态度体验，如悲痛、狂喜、暴怒等。与激动的情绪和情感相对立的是相对平静的情绪和情感。在大多数情况下，情绪和情感是相对平静的，这也是人们进行正常的生活、学习和工作的基本条件。

二、基本情绪

人类的基本情绪是与生俱来的，具有原始性、冲动性和不稳定性。

（一）情绪的基本形式

近代关于情绪分类的研究，通常把情绪分为快乐、悲哀、愤怒、恐惧4种基本形式。

1. 快乐

快乐是指盼望的目标达到或需要得到满足之后，解除紧张时的情绪体验。如亲人相聚时的高兴，学习获得好成绩时的愉快，工作取得成就时的满足等，都是快乐的情绪。快乐的程度取决于需要的满足程度。一般来说，快乐可以分为满意、愉快、欢乐、狂喜等。引起快乐情绪的原因很多，如亲朋好友的聚会、美好理想的实现、宁静明亮的学习环境。如果愿望或理想的实现具有意外性或突然性，则更会加大快乐的程度。

2. 悲哀

悲哀是与所热爱的对象和所盼望的东西的失去相联系的情绪体验。引起悲哀情绪的原因比较多，如亲人去世、升学考试失利、自己珍爱的物品丢失等。悲哀的程度取决于失去的对象的价值。此外，主体的意识倾向和个体特征对悲哀的程度也有重要的影响。根据程度不同，悲哀可分为遗憾、失望、难过、悲伤、极度悲痛等不同等级。悲哀有时伴随哭泣，这使紧张情绪得以释放，能缓解心理压力。在比较强的悲哀中，常常伴发失眠、焦虑、冷漠等心理反应。

3. 愤怒

愤怒是由于外界干扰使愿望实现受到压抑，目的实现受到阻碍，从而逐渐积累紧张而产生的情绪体验。引起愤怒情绪的原因很多，恶意的伤害、不公平的对待等都能引起愤怒的情绪。愤怒的产生取决于人对达到目的的障碍的意识程度，只有个体清楚地意识到某种障碍时，愤怒才会产生。愤怒的程度取决于干扰的程度、次数及挫折的大小。根据愤怒的程度，愤怒可分为不满意、生气、愠怒、激愤、狂怒等。

4. 恐惧

恐惧是有机体企图摆脱、逃避某种情景而又苦于无能为力的情绪体验。引起恐惧的原因很多，如黑暗、巨响、意外事故等。恐惧的程度取决于有机体处理紧急情况的能力。

在快乐、悲哀、愤怒、恐惧4种基本情绪中，快乐属于肯定的积极的情绪体验，它对有机体具有增力作用。而悲哀、愤怒、恐惧通常情况下属于消极的情绪体验，对人的学习、工作、健康具有消极的作用，因而应当把它们控制在适当的水平上。但在一定条件下，悲哀、愤怒、恐惧也可以起到积极的作用，如战士的愤怒有利于他们在战场上勇敢战斗，对可怕后果的恐惧有利于个体提高责任感与警惕性，悲哀可以使人化悲痛为力量，从而摆脱困境。

> **小思考**
>
> 观察以下图片，他们的面部表情体现了哪种情绪？
>
>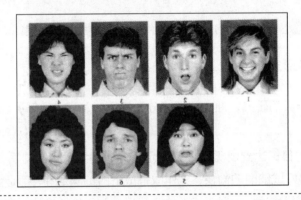

（二）情绪的基本状态

情绪状态是指人在某种事件或情境的影响下，在一定时间内所产生的一定情绪状况。一般来说，人的一切心理活动都带有情绪色彩，而且以不同的心情、激动和紧张状态表现出来。最典型的情绪状态有心境、激情、应激3种。

1. 心境

心境是一种深入的、比较微弱而又持久的情绪状态，如得意、忧虑、焦虑等。其特点表现为以下几点。①心境相对于其他情绪状态，和缓而微弱，似微波荡漾，有时人们甚至察觉不出它的发生。②心境的持续时间较长，少则几天，长则数月。一般来说，事件越重大，引起的心境就越强大，心境持续的时间就越长。例如，失去亲人往往使人产生较长时间的悲伤和郁闷的心境。③心境是一种非定向性的弥散性的情绪体验，会在人的心理上形成一种淡薄的背景，使人的心理活动、行为举止都蒙上相应的情绪色彩。例如，人在得意时感到精神爽快、事事顺眼，干什么都起劲；失意时则整天愁眉不展，事事感到枯燥乏味。

心境产生的原因是多种多样的，通过归纳可以总结为以下几点。①个人生活中的重大事件，如事业的成败、工作的逆顺、人际关系的亲疏、健康状况的优劣等。②自然界的事物，如时令气候、环境景物等都可以成为某种心境形成的原因。③生活经验。除了由当时的情境而产生的暂时心境外，人还能形成各自独特而稳定的心境。这种稳定的心境是以人的生活经验中占主导地位的情绪体验的性质为转移的。例如，有的人朝气蓬勃，愉快的心境在他的生活中便占主导地位；有的人失望忧愁，忧伤之情在他的生活中便占主导地位。④世界观。对心境起决定影响的是一个人的世界观。心境有消极和积极之分，积极的心境使人振奋愉快，能推动人的工作与学习，激发人的主动性和创造性；消极的心境则使人颓废悲观，妨碍人的工作和学习，抑制人的积极性的发挥。人应充分发挥其主观能动性，正确认识和评价自己的心境，消除消极心境的不良影响，培养坚强的意志，增强抵抗外界不良刺激和干扰的能力，树立正确的理想和信念，有意识地掌握自己的心境，做心境的主人。

2. 激情

激情是一种强烈的、爆发式的、持续时间短的情绪状态，如欣喜若狂、暴跳如雷、悲恸、绝望等。激情有以下4个特点。①激情具有激动性和冲动性。激情一旦产生，人就完全被情绪所驱使，言行缺乏理智，带有很大的冲动性和盲目性。②激情维持的时间比较短，冲动一过，时过境迁，激情也就弱化或消失了。③激情具有明确的指向性。激情通常由特定的对象引起，如意外的成功会引起狂喜，理想破灭会引起绝望，黑暗、巨响会引起恐惧，等等。④激情具有明显的外部表现。在激情状态下，人的内脏器官、腺体和外部表现都会发生明显的变化，如暴怒时面红耳赤，绝望时目瞪口呆，狂喜时手舞足蹈等。

3. 应激

应激是在出乎意料的紧急和危险的情况下所产生的高度紧张的情绪状态。当人遇到紧张危险的情境而又需要迅速做出重大决策时，就可能导致应激状态的产生。在应激状态下，人可能有两种表现：一是目瞪口呆，手足无措，陷于一片混乱之中；二是急中生智，冷静沉着，动作准确有力，及时摆脱险境。面临出乎意料的危险情境或带来重大压力的事件，如发生火灾、地震，突遭袭击，参加重大的比赛、考试等，都是应激状态出现的原因。

应激有积极的作用，也有消极的作用。一般的应激状态能使有机体具有特殊的防御排险能力，能使人精力旺盛、思维清楚准确、动作敏捷，从而化险为夷、转危为安，及时摆脱困境。但紧张而又长期的应激会使人产生全身兴奋，使注意和知觉范围缩小，言语不规则、不连贯，行为动作紊乱。在意外的情况下，人能否迅速判断情况并做出抉择，有赖于人是否果断、坚强，是否有类似情况的处理经验。另外，思想觉悟、事业心、责任感、献身精神等也是在应激状态下，防止行为紊乱的重要因素。人如果长期处于应激状态，会有害于身体健康，严重的还会危及生命。

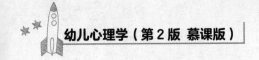

三、高级社会情感

人类的高级社会情感是后天培养的，具有社会性和稳定性。

（一）道德感

道德感是人们运用一定的道德标准评价自身或他人的行为时所产生的一种情感体验。人们在相互交往中掌握了社会上的道德标准，并将其转化为自己的社会需要。人们注意到一定的言语行为和观察到一定的思想意图时，总是根据个人所掌握的道德标准对其加以评价，这时人所产生的情感体验即为道德感。例如，当别人或自己的言论、行为、意图符合自己的道德标准时，便产生满意的、肯定的体验；反之，便产生消极的、否定的体验。可见，道德感是由人们掌握的道德观念、道德标准决定的。

道德感受社会生活条件的制约，受阶级的制约，但是就全人类来说，是有共同的道德标准的。例如，对社会义务的承担，对国家的热爱，对老弱病残的扶助等，任何社会都是宣传和倡导的。

（二）理智感

理智感是人们认识和追求真理的需要得到满足而产生的一种情感体验。它在认识活动中表现为对事物的好奇心和新异感，认识活动取得初步成就时的欣慰的体验，对矛盾事物的怀疑与惊讶，判断证据不足时的不安，问题得到解答时的坚信，对知识的热爱，对真理的追求，对偏见、迷信、谬误的憎恨，错失良机时的惋惜，取得巨大成就时的欢喜与自豪等。

理智感同人的认识活动的成就的获得、需要的满足，对真理的追求及思维任务的解决相联系。人的认识越深刻，求知欲望越强烈，追求真理的兴趣越浓厚，理智感就越强。理智感产生于认识活动中，是推动人们探索、追求真理的强大动力。天文学家哥白尼在回顾自己所走的道路时说，他对天文的深思产生于"不可思议的情感的高涨和鼓舞"。

虽然理智感对全人类表现出更多的共性，但它仍受社会道德观念和人的世界观的影响，因此，人们对科学的热爱，对真理的追求，都反映了每个人鲜明的观点和立场。

（三）美感

美感是人对客观事物或对美的特征的情感体验。它是由具有一定审美观点的人对外界事物的美进行评价时所产生的一种肯定、满意、愉悦、爱慕的情感。

美感有两个鲜明的特点：①对审美对象的感性面貌特点，如线条、颜色、形状、音韵、节奏等的感知，是美感产生的基础；②对美的对象的感知与欣赏能引起情感的共鸣，并给人鼓舞和力量。

美感具有阶级性与民族性，受社会历史条件的制约，但仍有全世界共同享有的美感。例如，美丽的自然景观能给大多数人带来美感。因此，美感的某些内容是存在共同性的，但是并不能以此来否定美感的阶级性和民族性。

第二节 幼儿情绪的意义、特点及发展趋势

情绪是幼儿的需要得到满足或得不到满足时产生的主观体验，情绪对于幼儿的心理发展具有重要意义。幼儿的情绪发展有着自己的规律和特点，幼儿教师需要深刻了解这些规律和特点，方能实施有效的教育。

一、情绪对幼儿身心发展的意义

情绪不仅激发幼儿行为并维持着幼儿的心理活动，而且对幼儿的性格形成也有重要的影响，因此，情绪对幼儿的身心健康发展有着举足轻重的作用。

（一）情绪对幼儿行为的激发

情绪的激发作用与幼儿的需要是否得到满足有密切联系。幼儿的合理需要得到满足则会产生积极情绪，积极情绪可以提高活动效率，起正向的推动作用；幼儿的合理需要得不到满足则会产生消极情绪，消极情绪会降低活动效率，甚至引发不良行为，起着反向的推动作用。情绪的激发作用在幼儿身上表现得特别明显。引起幼儿兴趣的愉快情绪不仅会使幼儿愿意在探索活动中积极主动、勤于动脑，而且会使活动高效、持续进行。不愉快的情绪则会导致各种消极行为，例如，幼儿在单调重复的集体活动中会显得疲乏、烦躁，喜欢离开座位，大声喧哗，甚至打闹。因此，为了使各项教育活动取得良好效果，教师必须满足幼儿的合理需要，尊重幼儿的年龄特点，激发幼儿对活动的兴趣，从而让幼儿保持积极的情绪状态。

（二）情绪对幼儿心理活动的维持

积极的情绪不仅可以激发幼儿的行为，而且会使这种行为长时间地维持在这一活动中，从而使活动能深入、持久地开展下去。在幼儿园，教师运用"操作—探索式"教学，能激发幼儿的好奇心、积极性、主动性，使幼儿保持高涨的情绪，主动参与到活动中，从活动中体验知识的演变过程，从而获得知识结构与知识结果。这样会发挥积极的情绪对心理活动的协调组织作用。例如，幼儿对外界事物的好奇心极强，在学习中他们往往以兴趣为出发点，十分容易被新的刺激吸引。这就要求教师给幼儿提供的操作材料必须新颖、新鲜、丰富多彩，

材料的大小要根据幼儿的年龄特点而定。如果教师对操作材料在教学中所起作用的认识不够，加上怕麻烦等原因，总是反复使用几套操作材料，当给幼儿发操作材料时，幼儿可能马上就会产生负面情绪。陈旧单调的操作材料极易使幼儿产生厌倦情绪，从而影响操作活动的效果。

不同的情绪对幼儿的智力活动也有不同的影响。适中的愉快情绪对幼儿的智力活动有明显的促进作用，而痛苦、惧怕等消极情绪对幼儿的智力活动有明显的抑制作用。痛苦、惧怕的程度越深，活动效果越差。总之，适度的积极情绪有利于幼儿的智力活动，消极情绪对幼儿的智力活动一般是不利的。

（三）情绪对幼儿性格的影响

情绪特征是性格结构的重要组成部分，许多性格特征，如活泼、开朗、忧郁、粗暴等都和情绪密切相关。情绪在人际交往中也起重要作用。随着年龄增长，幼儿在一定的、不断重复的情景中，经常体验着同一情绪，这种情绪逐渐稳定并成为幼儿的性格特征。大约 5 岁以后，幼儿的情绪逐渐系统化和稳定。如果此时周围的人经常关心、爱抚幼儿，尊重幼儿，使幼儿体验到安全感和信任感，这将有助于促进幼儿朝气蓬勃、活泼开朗的良好性格的形成。如果父母和教师经常要求幼儿帮助别人、关心生病的小朋友，要求幼儿相互谦让、不挤同桌的小朋友等，幼儿可能会逐渐形成比较稳定的同情心和关心体贴他人的情感。久而久之，这种情感就会成为幼儿性格的一部分。

（四）情绪对幼儿生长发育的影响

情绪不仅影响幼儿的心理健康，也影响幼儿的生理健康。爱的剥夺会影响幼儿的身心发展，过于溺爱也会导致幼儿以自我为中心，不能与他人建立良好和睦的关系。情绪被剥夺，缺乏父母的疼爱，会抑制幼儿脑垂体激素和生长素的分泌。幼儿长期处于郁闷的情绪状态，生长发育会受到阻碍。如有男女两对双胞胎，男双胞胎由于母亲的拒绝，造成情绪剥夺，13 个月大时只有 7 个月大的婴儿的发育水平，而女双胞胎得到母亲正常的抚爱，13 个月大时发育接近正常。情绪剥夺对幼儿正常生长发育的影响是十分明显的。

二、幼儿情绪发展的特点

随着对幼儿情绪问题的深入研究，研究者发现，情绪在幼儿心理的发展中具有举足轻重的地位。因此，深入了解幼儿情绪发展的特点，是对幼儿进行针对性教育的必要前提。

（一）情绪内容的丰富性

和成人一样，幼儿的情绪也是由外界刺激引起的。随着幼儿年龄的增长，其活动范围不断扩大，面临的外界刺激也就更多、更丰富，因而有了许多新的需要，继而也就出现了多种新的情绪体验。例如，在幼儿园和小朋友的交往中，幼儿逐渐出现的友谊感，大班幼儿进一步表现出的集体荣誉感等。原来并不会引起幼儿情绪体验的事物，随着幼儿年龄的增长，可能会不断引起幼儿的各种情绪体验。例如，周围成人对幼儿的态度，经常不断引起幼儿愉快、自豪或委屈等情绪体验；周围的动物、植物甚至自然现象同样也可以引起幼儿的同情、惊奇等情绪体验。

（二）情绪体验的深刻性

幼儿初期，幼儿对父母产生依恋，主要是基于父母满足他的基本生理需要，这种依恋也可称为依赖，主要以情绪的形式反映出来。幼儿中期和晚期，幼儿对父母的依恋，已包含有对父母劳动的尊重和爱戴等内容，高级社会情感在依恋中的比重会越来越大。此时幼儿对行动结果有不同的体验：如果自己画了一幅非常漂亮的画，受到老师的表扬，他可能对自己的行动结果表现出骄傲、自豪和满足；如果这样的事情发生在同学身上，他可能会对别人的行动结果表现出羡慕。

（三）情绪变化的情境性

幼儿的情绪常有明显的情境性，很容易随着外界情境的变化而变化，两种对立的情绪可在短期内相互转换。例如，两个幼儿刚刚为争一本小人书而打架，可转眼之间就和好了。幼儿常常是眼泪未干就又笑了，这种情况在幼儿身上是常见的，而且年龄越小表现得越明显。

（四）情绪容易受感染和暗示

幼儿的情绪常常因为外界环境的影响，容易受感染和暗示。初入园的小班幼儿看见一个小朋友哭，常常很快也会跟着哭起来；看见小朋友笑，也会莫名其妙地笑起来。同时，这种情绪发生得迅速而强烈。

三、幼儿情绪的发展趋势

随着年龄的增长，幼儿的大脑皮层逐步发育成熟，社会化程度进一步提高，因此，幼儿的情绪逐步变得内隐和稳定。

（一）情绪的冲动性、易变性减弱

幼儿早期，幼儿由于大脑皮层的兴奋容易扩散，加上大脑皮层对皮层下中枢的控制能力发展不足，因此情绪冲动易变。到了幼儿晚期，幼儿对情绪的控制能力逐渐发展。起初这

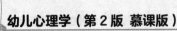

种对情绪的控制仍具有被动性质，即在成人的要求下，服从于成人的语言指示程序情绪才得到控制。后经日常生活和各种集体活动中成人不断的、经常的教育和要求，幼儿逐步养成对情绪的自控能力，从而使情绪的冲动性、易变性减弱。

（二）情绪从外露到内隐

幼儿初期，幼儿对自己的情绪通常不能加以控制和掩饰，而使其完全表露于外。到了幼儿晚期，随着心理活动有意性的发展，特别是内部言语的发展，幼儿对情绪的自我调节能力逐步加强，使情绪由外露到内隐。

第三节　幼儿常见的情绪障碍及情绪和情感的培养策略

当幼儿的正常需要得不到满足时，产生的过度负面情绪会严重影响幼儿的正常发展。幼儿教师需要和家长一起，在日常生活中关注幼儿的情绪问题，尽可能满足幼儿的正常需要，对幼儿的负面情绪进行积极引导，使其朝着健康的方向发展。

一、幼儿情绪障碍

幼儿不良情绪的极端发展会导致不同程度的幼儿情绪障碍，这些情绪障碍会妨碍幼儿的正常入园和生活。

（一）幼儿不良情绪与情绪障碍

不良情绪是指个体自己的需要没有得到满足时产生的过度的负面情绪体验。焦虑、紧张、愤怒、沮丧、悲伤、痛苦、难过、不快、忧郁等情绪均属于不良情绪。而情绪障碍是个体想满足某种需求时，遭到外界的干扰，或因为个体本身的心理冲突，使个体陷入一种挫折情绪之中的情绪状态。

（二）常见的幼儿情绪障碍

1. 幼儿分离性焦虑症

从发展心理学角度来讲，焦虑情绪是幼儿社会性和情绪发展的核心。新生儿只有愉快和不愉快两种反应，而且都与生理需要如饥饿、疼痛等密切相关。半岁前后幼儿就会出现对母亲的依恋和对陌生人的怯生等现象。当跟依恋的人在一起时，幼儿就会出现微笑、咿咿呀呀等表现，遇到陌生人或和依恋的人分开时则会表现出明显的苦恼反应，即焦虑。依恋和焦虑是幼儿情绪发展中的一对主要矛盾，安全的依恋有利于幼儿正常发展，减轻焦虑反应是促使幼儿心理正常发展的重要方式。幼儿与他们所依恋的人（主要是母亲或其他亲近的照顾者）分离时出现某种程度的焦虑情绪都应视为正常现象。分离性焦虑症是指幼儿与依恋对象分离时出现的与年龄不符的、过度的、损害行为能力的焦虑，是幼儿最常见的情绪障碍之一。分离性焦虑症在严重程度上、持续时间上远远超过正常幼儿的分离情绪反应，幼儿的社会功能也会受到明显影响。

2. 幼儿恐惧症

恐惧情绪是幼儿较常见的一种心理问题，几乎每个幼儿在其心理发展的过程中都曾出现过恐惧反应。幼儿在不同的年龄阶段有不同的恐惧对象，如黑暗、陌生人、雷鸣闪电、昆虫、想象中的事物等。幼儿恐惧症表现为对日常生活中的一般客观事物和情境产生过分的恐惧情绪，出现回避、退缩行为，且患儿的日常生活和社会功能受损。常见的幼儿恐惧症为幼儿园恐惧症，它是一种特殊类型的恐惧症，是指幼儿对幼儿园有强烈的恐惧感，回避老师和同学，上学前诉说自己有头痛、腹痛等不适，并伴有焦虑或抑郁情绪。

3. 幼儿抑郁症

幼儿抑郁症是指以情绪抑郁为主要临床特征的疾病，患儿在临床表现上具有较多的隐性症状、恐怖症和行为异常，同时由于患儿认知水平有限，不像成人抑郁症患者那样能体验出罪恶感、自责等情感体验，因此难以诊断。一般来讲，学龄前幼儿抑郁症患病率很低，约为 0.3%。

4. 幼儿强迫症

幼儿在心理发展的过程中，可能会出现类似强迫症状或仪式样动作，如走路数格子，反复折叠自己的手绢，睡觉前一定要把鞋子放在某个地方等。这种带有一定规则或者被幼儿赋予特殊含义的动作往往呈阶段性，持续一段时间后会自然消失，不会给幼儿带来强烈的情绪反应，不会影响幼儿的生活。

（三）常见的辅助疗法

1. 游戏"治疗"

游戏"治疗"的目的是为幼儿提供和创造与他人交往的机会，帮助幼儿学会回应他人的问候、求助等交往性语言和动作。游戏"治疗"的做法是为幼儿设置轻松的游戏，训练者在游戏中把握时机对幼儿进行引导，让存在情绪障碍的幼儿在愉悦的、轻松的心态下接受有目的性的语言交往训练，使幼儿学习人际社交技巧，培养社会适应力。

2. 阅读"治疗"

阅读"治疗"有两大好处：第一，通过阅读使幼儿转变原来的观念和认知，从而促使心理障碍得到解除；第二，通过阅读使幼儿得到精神的宁静和愉悦，以此排解各种障碍，并得到一种愉悦、享受，实现心理保健、精神净化。由于幼儿尚未具备阅读文字材料的条件，因此，阅读"治疗"主要通过教师和家长来完成，且大多是通过图画故事进行的。教师和幼儿一起扮演故事中的角色，对话由少到多；情节与情节之间存在一定的逻辑关系，画面之间

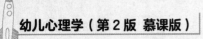

有联系，便于幼儿运用已有的知识和经验来理解图画故事的意义。教师主要选择一些幼儿喜欢的童话故事，如"小红帽""白雪公主""小马过河""三只羊""狐狸和公鸡"等。

3. 有目的地提供幼儿接触群体

有目的地提供幼儿接触群体，是为了帮助幼儿体验交往的需要和成功交往的快乐，使之产生交往的动机，从而提高幼儿与他人交往的主动性和积极性以及交往的技能。教师可以为幼儿选择活泼、主动的伙伴，帮助他们建立稳定的同伴关系，并让伙伴去带动幼儿多参加集体活动。

4. 引导家长行为

教师应为幼儿家长提供家庭教育咨询，使家长理解不良的教育方式是造成幼儿情绪障碍的主要原因。家长要努力创造良好的家庭环境，改进教育方法。通过家长会及亲子活动，家长之间能够进行充分的交流，互相介绍有益的育儿经验。教师可以经常与幼儿的家长进行访谈，推荐有关的书籍资料，使家长了解幼儿情绪障碍的产生原因、治疗和转归与整个家庭特征的密切关系，并掌握幼儿情绪障碍的异常行为的处理策略，配合幼儿园一起商讨并做好行为矫正工作。

二、幼儿情绪和情感的培养策略

稳定、健康的情绪和情感对于幼儿身心发展具有重要的意义，家长和教师要根据幼儿的年龄特点对其进行情绪和情感方面的培养。

（一）创设适宜的幼儿园环境

依据幼儿的身心特点制订合理的生活制度，不仅有利于幼儿身体健康和良好行为习惯的形成，更有助于幼儿情绪的稳定。为此，幼儿园应为幼儿建立起科学合理的生活制度。与此同时，幼儿园也必须为幼儿创设丰富多彩的活动，让他们生活在轻松活泼的多样化环境之中。一般来讲，单调、枯燥的活动容易使幼儿疲劳，从而产生厌倦的、不愉快的情绪。相反，丰富多彩的活动会使幼儿产生兴趣，感到快乐和满足。

（二）提供良好的家庭环境

愉快、和谐的家庭生活，亲情的给予对幼儿情绪发展影响极大。事实证明，家庭不和、父母离异，容易让幼儿产生恐惧、悲观等不良情绪，乃至形成不良个性。幼儿的情绪易受感染、模仿性强，因此成人的情绪示范非常重要。日常生活中，若成人经常显示出积极热情、乐观开朗等良好情绪，会对幼儿良好情绪的发展起潜移默化的作用，否则易造成不良后果。家长不仅应以自身为幼儿树立榜样，同时应对幼儿的教育、管理有科学的态度，如公正地对待幼儿，满足幼儿的合理需求，帮助幼儿适应变化的新环境，以及坚持正面教育，针对幼儿的个别情绪特征给予疏导。家长不能恐吓、威胁幼儿，也不能溺爱或过分严厉地对待幼儿，否则会使幼儿形成不良情绪和不良性格。

（三）发挥幼儿文学艺术作品的作用

文学艺术作品富有感染力，也最为幼儿所喜爱，选择适合幼儿年龄特征的、优秀的文学艺术作品，对培养幼儿的高级社会情感有独到的作用。幼儿文学艺术作品具有一般文学艺术作品的特点，但它是以更具体的形象、艺术语言的感性形态存在于时空之中的，以能激发人们的情绪、情感为最大特点，与幼儿的认识心理和情绪特征相吻合。它不仅能够陶冶幼儿的情操，提高幼儿的审美趣味，激发想象力、发展感受力，给幼儿以美的感受，还能开阔幼儿的视野，增长知识，让幼儿了解和感受丰富多彩的大千世界，帮助幼儿增强识别真假、善恶、美丑的能力，净化心灵，完善气质，给幼儿以思想道德的启迪和教育。

（四）正确处理不良情绪

幼儿的不良情绪基本上是由不良的生活环境造成的，尤其是幼儿园或家庭的心理氛围。例如，幼儿教师对幼儿冷淡、粗暴，容易造成幼儿情绪萎缩，适应性变差；不公正容易让幼儿产生嫉妒情绪，溺爱容易造成幼儿情绪激动。在以往的教育活动中，家长和教师往往把幼儿发泄内心不满的方式看作调皮捣蛋的行为。每个幼儿在生活中都有可能发生冲突、受到挫折，从而表现出不良情绪反应，如面部肌肉紧张、坐立不安、睡眠不好等。为了避免幼儿被严重的不良情绪困扰，家长和教师一定要充分理解和正确对待幼儿的发泄行为，不要让幼儿的情绪总是受到压抑；并且要为幼儿创设发泄情绪的环境，指导幼儿学习多样化的发泄方法并学会自我疏导。例如，给幼儿搭建"情绪小屋"，让幼儿有一个小空间，幼儿可以在那里与好朋友说说心中的小秘密，自由表达自己的情感，或者自己静静地待一会儿，这些都有助于疏通和缓解幼儿的不良情绪。培养幼儿多方面的兴趣，引导他们投入丰富多彩的活动，是帮助幼儿转移不良情绪、学会积极发泄的有效方法。

本章思考与实训

一、思考题

（一）单项选择题

1. 探险队员在丛林中突然遇到一只饥饿的狮子，这时他的情绪状态属于（　　）。

    A. 激情　　　　　　B. 挫折　　　　　　C. 应激　　　　　　D. 心境

2. 林黛玉整日哭哭啼啼、泪光点点，悲叹自己命不好，她的情绪状态属于（　　）。

    A. 激情　　　　　　B. 挫折　　　　　　C. 应激　　　　　　D. 心境

3. 他因失去唯一的亲人而极度悲伤，曾一度昏死过去，他的情绪状态属于（　　）。

    A. 激情　　　　　　B. 挫折　　　　　　C. 应激　　　　　　D. 心境

4. 他考试不及格，补考还是没及格，因此对自己很失望，他的情绪状态属于（　　）。

    A. 激情　　　　　　B. 挫折　　　　　　C. 应激　　　　　　D. 心境

（二）问答题

1. 幼儿的情绪有什么特点？请举例说明。

2. 结合自己的生活经验，谈谈如何培养幼儿积极乐观的情绪和情感。

二、案例分析

乐乐今年3岁，该上幼儿园了。因为之前做了大量的"铺垫工作"，所以妈妈不担心乐乐上幼儿园会有麻烦。开园第一天，妈妈带着背着小书包的乐乐，有说有笑地来到了幼儿园门口。就在进门的那一瞬间，乐乐开始往后退。妈妈抓着她的手往里拽，乐乐使劲往后退，同时开始哭。看看周围，孩子们要么抱着父母的腿不撒手，要么在保育员阿姨的怀里使劲挣扎。看来，乐乐是被"传染"了。于是，妈妈狠狠心，把乐乐的手掰开，硬把她塞给一位满面笑容的保育员阿姨。晚上见到乐乐，妈妈发现她的小脸上还有道道泪痕。

问：如果乐乐是你班上的孩子，你会建议她的妈妈怎么做呢？

三、章节实训

1. 实训要求

请选择一个班级，设计一个符合该班幼儿情绪和情感特点的观察记录表。填写记录表，并根据记录结果提出解决策略。

2. 实训过程

（1）6人组成一个小组

（2）分工合作，设计一个表格。

（3）从不同的角度记录某个幼儿的情绪状态，如在入园、游戏、区角活动、集体活动中，表现出哭闹、焦虑、烦躁等消极情绪，还是表现出愉悦、兴奋等积极情绪。

（4）提出解决策略或解释其原因。

（5）评估这种策略的科学性与实用性。

3. 样表

幼儿姓名		班级		观察者	
项目/实施	具体表现	原因分析	解决策略	效果	备注
入园					
游戏					

续表

项目/实施	具体表现	原因分析	解决策略	效果	备注
区角活动					
集体活动					

第九章

幼儿的意志

【本章学习要点】

1. 了解意志的概念。
2. 学会培养幼儿良好意志品质的策略。

【引入案例】

大班的张老师最近发现，她班上的小朋友菲菲耐性很差，做事注意力不集中，显得漫不经心，在集体活动或游戏中常常半途而废，遇到一点点困难就放弃，没有持久性、目的性，有时还感到惶惑不安。她易激动，老师很难预测她会干什么；吃饭时爱动；集体活动时一会儿坐着，一会儿站着；区角活动时，不能坚持玩一个玩具，而是拿拿这个，碰碰那个；平日爱咬手指甲。

问题：菲菲小朋友的这种表现是什么原因造成的？老师如何帮助幼儿克服不良意志品质？

对幼儿而言，意志出现较晚。随着言语的发展，行动开始具备目的性，幼儿开始懂得独立实现某个目标，这表明他逐步有了意志。幼儿年龄越小，意志力越薄弱。随着年龄增长和教育的介入，幼儿逐步学会服从别人，或按照自己的目标去行事，减少了受到的外界环境的干扰影响。意志的形成和发展，有助于幼儿在有意注意、有意记忆、有意想象等方面取得进步。同时，意志和情绪、性格、动机、兴趣等共同组成的非智力性因素，是促进创造性发展的关键因素。要发挥意志在幼儿心理发展中的作用，需要幼儿教师了解意志的一般规律，尤其是幼儿意志的一般特点，并有针对性地提出培养策略。

第一节 意志

为了了解幼儿意志的一般规律和特点，并提出适宜的培养策略，首先应明确意志的概念及意志与认识、情绪之间的复杂关系，然后分析幼儿的意志品质，最后对如何培养幼儿良好的意志品质展开讨论。

一、意志概述

意志是人类特有的高级心理活动。它促使人类围绕着所清醒地意识到的目的，展开各种有计划、有组织的活动，并最终实现这一预期目的。

（一）意志的定义

当我们必须及时完成作业，却又感到睡意袭来时，我们有很多选择：放弃完成作业，待明日再说；草草写完，早点儿睡觉；与瞌睡做斗争，认认真真一丝不苟地完成作业。为了达到一定的目的，人们要克服不同种类和程度的困难。因此，意志是自觉地确定目的，并根据目的来支配调节自己的行为，克服各种困难，从而实现目的的心理过程。由于遇到的困难的种类和性质不同，意志活动的表现也不同。例如，上午最后一节课时，我们已饥肠辘辘，但每一个同学都不能随意吃东西，与此同时还要认真听讲；在填写入学志愿时，对考甲校还是考乙校而犹豫不决，最后确定考乙校；为了将来更好地为社会做贡献而勤奋学习；等等。这些行动当中都有意志活动。

（二）意志的基本特征

1. 明确的目的

意志是人类所特有的高级心理机能。人的有目的的行为与动物的行为迥然不同。虽然动物在适应环境的过程中也有作用于周围环境的行为，如挖洞筑巢、捕食避害等，但对环境的作用，其性质是截然不同的。动物的行为无论多么精巧，它们都不可能事先了解自己行为的目的与后果，只有有意识的人类才能预先确定一定的目的，并有组织地逐渐实现这一目的。意志不同于其他心理过程的最重要特点，是始终保持着清醒的意识。意志是为实现预定目的而进行的心理过程。为了实现目的而确定行动的方式、方法与步骤，始终不渝地按照预定目的去行动，遇到困难仍然不改变预定目的，这种行动过程就是人的意志的表现。

2. 意识调节行动

人的行动可以分为不随意运动和随意运动两种。不随意运动是在无意中发生的不由自主的运动，例如，眼睛受到强光照射，瞳孔会立即缩小；手碰到刺立即缩回等。随意运动是受意识支配的运动，是实现意志行动的基础，例如读书、打球等。有了随意运动，人们就可以根据预定目的调节支配行动，从而实现预定的目的。

意志表现为人的意识对行动的自觉调节与控制。所谓有目的的行动，就是在行动之前清楚地意识到自己行动的目的；拟订行动的方式、方法与步骤，也都是意识支配的。

意识对行动的调节有两种基本表现：一是发动，二是制止。前者在于推动人去从事达到预定目的所必需的行动，后者在于制止不符合预定目的的行动。意识的调节作用的这两个方面在实际活动中是统一的。例如，有了提高学习成绩和各方面能力的目的和决心，其一方面会促使学生去努力学习和锻炼，另一方面又抑制学生的其他欲望，将其他不相干的活动降至更低水平。

意识不仅可以调节外部动作，还可以调节人的心理状态。当学生排除了外界干扰，把注意力集中于完成作业时，就存在着意识对注意、思维等认识活动的调节；当人在危急、险恶的情境下，克服内心的恐惧和慌乱，强迫自己保持镇定时，就表现出意识对情绪状态的调节。

3. 克服困难

意志对行动的调节和支配并不总是轻而易举的，常会遇到各种外部的或内部的困难，因此意志过程的突出特征是努力克服困难。正是在为达到目的而进行的行动中遇到困难的时候，意志力才能够更好地体现出来。

困难包括外部困难和内部困难。外部困难有的是由自然条件造成的，如气候、自然地理、生物环境等不利因素；也有的是由社会条件造成的，如缺乏必要的工作条件、人为的障碍、政治经济方面的困难等。内部困难是人本身具备的不利因素，如消极的情绪、性格上的弱点（胆怯、懒惰等）、知识经验不足等。遇到外部困难时，可能出现新的需要和动机，于是又产生内部困难。因此，外部困难可能成为内部困难的产生原因。

二、意志与认识过程、情绪的关系

人类在认识客观世界时，总会清晰地意识到哪些事物可以满足自己的需要，哪些不能，进而对那些能满足自己需要的事物产生积极情感，并在这些情感的驱使下，激发和维持自身的活动朝着既定的目标进行，这时情绪对意志而言是有促进作用的。

（一）意志与认识过程

1. 意志是在认识过程的基础上产生的

意志的一个特征是具有自觉的目的性。人的任何目的，都是在认识活动的基础上产生的。目的虽然是主观的东西，但它来源于对客观现实认识的结果。对于目的的选择以及用什么样的方式来达到目的也是在认识活动的基础上产生的。

认识过程从确定行动目的时开始，就要有对所面临事物的感知活动。人在确定目的、选择方法和步骤时，要审度客观形势，分析主观条件，回顾过去的经验，设想将来的结果，拟订方案，编制计划，并对这一切进行反复的权衡和斟酌，所有这些都必须通过记忆、思维想象等认识过程才能实现。另外，在克服困难的过程中，还需要更多的深思熟虑，以找出有效的方法去克服它、战胜它。因此，意志离不开认识过程，意志是在认识过程的基础上产生和形成的。

2. 意志对认识过程也有很大的影响

意志促使认识更加具有目的性和方向性，使认识更广泛而深入。例如，人在认识过程中，由于意志的作用，直觉很快过渡到主动的观察，无意注意转化为有意注意，无意回忆转化为追忆。由于意志的自觉目的性，在想象活动中，再造想象也迅速过渡到创造想象；在思维活动中，从思维的反映过渡到解决问题的思维等。人在克服智力活动方面的困难时，如同分散主义斗争等，都需要意志努力。

（二）意志与情绪

一方面，由于情绪是人对客观事物的一种态度体验，而意志行动要改变客观事物以达到预定目的，那么在意志行动中无论是遇到外部困难还是内部困难，以及目的能否实现都会引起人积极争取或积极拒绝的态度，即产生情绪。另一方面，情绪既可以成为意志行动的动力，也可以成为意志行动的阻力。当某种情绪对人的活动起推动和支持作用时，这种情绪就会成为意志行动的动力。例如，在学习、工作中，积极的心境、对祖国的热爱和社会责任感会推动人们努力学习、辛勤劳动。当某种情绪对人的活动起阻碍和削弱作用时，这种情绪就会成为意志行动的阻力。例如，消极的心境、对所要达到的目标抱漠然的态度、害怕困难的情绪、不切实际的骄傲情绪以及高度的焦虑情绪等，都会阻碍意志行动的执行，削弱人的意志。

消极的情绪对意志行动的干扰作用，取决于一个人的意志力水平：意志坚强的人可以控制消极的情绪，在艰难困苦的逆境中仍然能奋发图强，干出一番事业来；意志薄弱的人则可能被消极情绪俘虏，使意志行动半途而废。

总之，认识、情绪和意志是密切联系、彼此渗透的。意志过程包含着认识和情绪的成分，认识和情绪过程也包含着意志成分。它们彼此渗透、融为一体，在人的实践活动中，从不同的层次、角度反映客观现实，共同组成个体统一的精神世界。

三、影响意志行动的主要心理因素

在既定的目的引领下，个体通过深刻认识自己所面临的任务，根据自己的兴趣爱好，审时度势之后克服各种心理冲突，做出相应的决策并付诸意志行动。这个过程受诸多因素的影响。

（一）意志行动中的个性倾向性

一个人的需要、动机、兴趣、爱好、态度、理想、信仰和价值观等构成了一个人的个性倾向性，它是推动人进行活动的动力系统，是个性结构中最活跃的因素。个性倾向性决定着人对周围世界的认识和态度的选择和趋向，决定人追求什么，与个人意志的实现密不可分。

1. 态度

态度是个体对客观事物的一种心理倾向。这种倾向可以分为肯定与否定两个基本方面。肯定的态度倾向具体表现为同意、接受、亲近、拥戴等。否定的态度倾向具体表现为反对、拒绝、对抗、敌意等。

态度是认知与情感有机结合的产物。个体对某种事物的认知与对该事物的情感，由于存在着相互影响、相互制约的关系，两者一般是一致的。有时也会出现认知与情感的不协调状态，即所谓理智（认知）与情感的矛盾。在这种情况下，个体便会形成对某种事物的矛盾态度。例如，个体对某个人或某件事，从认识上讲，知道对方没有大的缺点和过错，但从情感上却不喜欢对方，在对待这个人或这件事时，常常表现出矛盾态度。个体对某种事物的认知反映与情感反映一旦形成后，两者就会自发地结合起来，从而形成对该事物的一种综合性反映，这便是态度。

在个体的态度体系中，包含着各方面的众多的稳定态度，如对物的态度、对人的态度、对生活的态度、对社会的态度等。这些态度之间存在着相互渗透与相互制约的关系，从而形成一个有机的整体。

态度的形成为行为反应做好了准备。虽然态度不具有动力性质，它不能直接发动行为，但它可以为行为提供一种预先准备好的大体倾向，即对某种事物是接受还是排斥。

2. 兴趣

在个体的态度体系中，还包含着各种稳定化了的兴趣。兴趣也是认知与情感两种成分有机结合的产物，因此兴趣属于态度的范畴。但兴趣所体现的只是一种肯定的态度倾向，而不包括否定的态度，而且兴趣比一般的肯定态度更为积极，即它具有一种更积极的接受与亲近倾向。兴趣是在个体对某种事物有了较深刻的认识之后，又产生了浓厚的积极情感（如喜爱）而形成的。综上所述，可以将兴趣定义为：兴趣是个体对客观事物的一种高度积极的肯定态度。

在心理学中，兴趣又分为直接兴趣与间接兴趣。直接兴趣是指对某种客观事物（或活动）本身感兴趣。间接兴趣是指只对某种客观事物（或活动）所能带来的结果感兴趣。例如，人们对知识的兴趣，有时是对某种知识本身感兴趣，表现为一种强烈的求知欲望；而有时则只是想利用某种知识达到其他目的，如为了考核、升学或为了工作、事业的需要而对知识感兴趣。总之，兴趣对行为有着更为直接也更积极的影响作用，对正在进行的活动有一定的推动作用。

3. 需要

需要是有机体内部的某种缺乏和不平衡状态，它表现出有机体的生存和发展对于客观条件的依赖性，是有机体活动的积极性源泉。需要的产生是有机体内部生理上和心理上的某种缺乏和不平衡状态。当人需要某种东西时，便把缺少的东西视为必需的东西。需要总是指向于能满足该需要的对象或条件，并从中获得满足。没有对象的需要、不指向任何事物的需要是不存在的。

马斯洛把人的动机与 7 个层次的需要联系起来。①生理的需要：饥饿、口渴等。②安全的需要：脱离危险，保障生命安全、财产安全等。③归属和爱的需要：爱别人，得到别人的爱等。④尊重的需要：自尊、自重，获得别人的赞扬与承认等。⑤认知的需要：求知、理解、探究等。⑥美的需要：对称、整齐、美的欣赏与创作等。⑦自我实现的需要：胜任自己的工作，充分发挥自己的潜能，实现自己的抱负等。人们通常把需要分为两种：一种是对维持生命所必需的食物、水和新鲜空气等的需要，这是生理的需要；另一种是社会性的需要，如需要互相交往，需要受教育等。人类的需要在不断产生和发展，一种需要满足了，又会产生新的需要。

需要是有机体活动的积极性源泉，是人进行活动的基本动力，是产生行为动机的前提。人的各种活动，从学习劳动到创造发明，都是在需要的推动下进行的。需要激发人去行动，使人朝着一定的方向，追求一定的对象，以求得自身的满足。需要越强烈、越迫切，由它所引起的活动动机就越强烈。同时，人的需要也是在活动中不断产生和发展的。当人通过活动使原有的需要得到满足时，人和周围现实的关系就发生了变化，又会产生新的需要。这样，需要推动着人去从事某种活动，在活动中需要不断地得到满足，新的需要又不断地产生，从而使人的活动不断地向前发展。需要是个体积极性的源泉，它常以愿望、兴趣、抱负、动机等形式表现出来。

（二）意志行动中的动机、动机水平和动机冲突

1. 动机

动机是激发和维持个体进行活动，并导致该活动朝向某一目标的心理倾向，是指直接推动个体行为的内部动因和动力，它说明人为什么要行动的问题。"为什么人们要做这些事？""是什么东西激发人们去做这些事？"这些问题就是心理学中的活动动机问题。

作为活动的一种动力，动机具有 3 种功能。①激发功能。动机能激发有机体产生某种活动，例如口渴易激起找水的活动。②指向功能。动机使有机体的活动针对一定的目标和对象。例如，在成就动机的支配下，知识分子放弃舒适的工作条件到艰苦的地方去工作。③维持和调节功能。当活动产生以后，动机维持着这种活动，针对一定的目标，并调节这种活动的强度和持续时间。如果活动达到了目标，动机就促使有机体终止这种活动；如果活动尚未达到目标，动机将驱使有机体维持（或加强）这种活动，或转换活动方向以达到某种目标。

在具体的活动中，动机的上述功能的表现是很复杂的。不同的动机可以通过相同的活动表现出来；不同的活动也可能由相同的和相似的动机所支配，并且人的一种活动还可以由多种动机支配。例如，学生按时完成作业的活动，其学习动机可能是不同的：有的可能是理解到自己对祖国的责任，有的可能是想考取高一级的学校，有的可能是出于个人的物质要求，有的可能是怕老师的检查和父母的责骂，有的还可能出于上述多种原因。又如，成就动机可以促使人们在不同的学习领域（文娱、体育等）进行积极的活动。因此，在考察人的行为活动时，就必须要解释其动机。只有这样，才能对他的行为做出准确的判断。

2. 动机水平

动机水平是指个人在做某件实际工作之前估计自己所能达到的成就目标。动机水平主要来源于个体对自己的评价，而自我评价又来源于过去的长期生活中，在某种生活目标追求上的成功或失败。例如，过去学习成绩一直较好的学生，在学习方面会形成较高的自我评价，因而也会形成对今后学习成绩的较高期望。

动机水平制约着一个人的意志行动，因为要获得成功和进一步成功的期望会增强人对

工作的兴趣，而失败和对失败的预期会降低人对工作的兴趣。因此，动机水平高的人一般来说对待工作比较自觉，有信心，有毅力，能努力地去克服困难；而动机水平低的人一般来说对工作缺乏自觉性，缺乏信心和毅力。但是个人的动机水平也不能太高，不能严重地脱离自己的实际情况。

3. 动机冲突

动机的形成过程相对复杂一些，能够满足个体某种需要的客观事物（目标）往往不只一个，这就需要个体在这几个目标之中做出选择，在没有最终确定目标之前，便会出现动机冲突。

人有时会产生几种动机，甚至有相互矛盾的动机，这就会引起动机冲突。动机冲突就是对各种动机权衡轻重，评定其社会价值的过程，也是解除意志的内部障碍的过程。只有解除了障碍，确定了某种动机，才能确定行动的目的。

意志行动中的动机冲突情况是很复杂的，从形式上看，大致可以分为以下 3 类。

（1）双趋冲突。双趋冲突是指对几个目标同时都想得到但又不可兼得时所形成的矛盾心态。所谓"鱼与熊掌不可兼得"，便属于这种情况。学生在开学之初，期望参加两个喜欢的兴趣小组，但学校只准参加一个时便会产生双趋冲突。

（2）双避冲突。双避冲突是指对几个目标都想回避但又不得不选择其一时所形成的矛盾心态。例如，学生犯了比较严重的错误，是向老师主动认错，还是等同学揭发。向老师认错怕受批评，等同学揭发会受更大的处罚，这两者对他都是一种威胁，他都想逃避，但他必须选择其一。

（3）趋避冲突。趋避冲突是指对同一目标既想追求又想回避的矛盾心态。例如，学生上晚自习时想看小说，又怕完不成作业。

从内容上看，动机冲突可分为原则性动机冲突和非原则性动机冲突。

（1）原则性动机冲突。凡是涉及个人期望与社会道德标准、法律相矛盾的动机冲突，都属于原则性动机冲突。例如，上课时间有精彩的电影播放，是放弃上课看电影，还是认真上课放弃看电影。

（2）非原则性动机冲突。凡是不与社会道德标准相矛盾，仅属个人兴趣爱好方面的动机冲突，都属于非原则性动机冲突。例如，学生在复习功课时先做数学题还是先念外语单词，这就没有什么原则性区别，也不会有尖锐的动机冲突。

前述的双趋冲突、双避冲突、趋避冲突既可能是原则性动机冲突，也可能是非原则性动机冲突。

一般来说，在原则性动机冲突过程中的选择能更明显地表现一个人的意志力。意志坚强的人善于有原则地权衡和分析不同的动机，及时做出决定。而意志薄弱的人则往往长久地处于犹豫不决的矛盾状态，甚至确定目的以后也不能坚持，还会受其他动机影响而改变。解决动机冲突的最高原则，是个人利益服从于集体、国家的利益。这与一个人的理想和世界观有着密切的联系。在动机冲突和确立目的的过程中，最容易看出一个人的思想觉悟。

这时候对他进行及时的思想教育和帮助是非常必要的。最好把工作做在动机冲突之前，要善于引导，正确地解决问题。

┃ 案例分析 ┃

在现实生活中，一个人常常遇到各种动机冲突。如果对动机冲突不能很好地处理，就会产生强烈的消极情绪。毕业生小张目前就遇到了这样的事情。她在毕业后回老家和留在这座城市或跟随男朋友去南方某座城市之间犹豫不决，陷入前途、感情交织的困惑和苦闷之中，甚至感到绝望。最近小张神色憔悴，甚至精神状态趋于崩溃，乃至行为失常。

请结合所学知识分析小张应该怎么办，为什么？

（三）意志行动中的选择与决策

1. 确定行动的目的

正如上面讲过的，动机是关于人为什么要行动的问题。无论动机有无冲突，都要指向一定的目的，即人在行动中所期望达到的结果。

确定行动的目的在意志行动中非常重要。能否通过动机冲突正确地树立行动的目的，表现了一个人的意志力水平。动机之间的矛盾越大、斗争越激烈，确定目的时所需要的意志力也就越大。较大的意志力表现为正确地处理动机冲突，选择正确的目的。

目的在行动中起着极其重要的作用。目的越具体、越深刻（社会意义越大），则由这个目的所引起的毅力也就越强，越能表现出一个人的意志力。相反，一个没有明确目的而盲目行动的人，往往在工作中遇到困难就会改变原来的行动，不能坚持下去，也就很难取得成功。

2. 选择达到目的的计划和方法

目的确定以后，就要解决如何实现目的的问题，即解决怎样做的问题。对于简单的意志行动，行动目的一经确定，计划和方法很快就可以拟订。对于复杂的意志行动，如果有较长远的目标，就要详细制订行动的计划和方法。这也会遇到各种困难，例如，客观条件不具备、人力不足、工具不够，或舆论上存在阻力等，这些都要设法解决。克服这些困难的过程就表现出了人的意志。

有的计划与方法实施起来方便易行，但是它可能与社会的道德规范相矛盾。有的计划与方法虽然要消耗较大的精力，但是与社会道德规范相符合。在这种情况下，必须二者择一。一个有思想觉悟的人，便会表现出较大的意志力，毅然选择后者而放弃前者。

3. 做出实现意志行动的决定

意志是通过行动表现出来的。人通过动机的冲突、目的的确定、计划和方法的选择，然后就要做出实现此意志行动的决定。一般简单的意志行动比较容易做出决定。有些复杂的意志行动做决定就比较困难，有时还会有反复，曾经解决了的动机冲突在这一过程中又会出现。这可能是有些动机是被暂时压下去了，后来又冒出来了。本来确定的目的也可能动摇，又想改成别的目的。计划和方法的修改或变化更是经常可能发生的事。因此，在做决定时，我们还需前思后想，做深入全面的思考，进一步认识所要采取的行动的重要性和必要性。这样做出的决定就比较可靠，将来反复的可能性也较小。

（四）意志行动的实现

决定做出之后，实现所做出的决定是意志行动的关键。如果不在行动中实现，就算动机再高尚，目的再美好，计划方法再完善，意志行动也只是主观的愿望。意志行动只是头脑中的活动，只有最后实现了，它们才算完成。所以实现所做的决定是意志行动主观见诸客观的重要阶段。

在实现所做的决定时，意志表现在采取积极的行动去达成预定目的的同时，还要制止那些不利于达成目的的行动。例如，学生要达成预定的学习目的，就要在上课时认真听讲，课后及时复习，同时要消除分散注意力的因素，纠正不守纪律的现象等。

在实现所做的决定时，我们经常会遇到内部困难和外部困难。前者是主观上的困难，如我们可能会遇到与决定相反的动机或目的的引诱，以致影响目的的达成，此时必须排除这种诱因，坚持达成目的。又如，我们在实现决定时常需要有一定的知识和技能，也需要有完成某种活动的能力；如果具备了这些也难以实现决定，就需要增强意志上的培养。在克服客观困难时也需要积极的意志努力。有时客观条件的问题确实不能解决，我们就必须根据情况改变原来的决定，或修改原来的计划和方法。这不能说是意志的动摇，不能算作意志薄弱。只有遇到困难不经过意志努力，没有积极设法去克服，而轻易改变原来的决定，甚至放弃预定的行动目的，才是意志的动摇，才是意志薄弱的表现。

（五）意志行动中的意志品质

构成意志力的稳定因素称为意志品质。人的意志品质存在着很大的个体差异。意志品质是衡量一个人意志坚强与否的尺度。主要的意志品质有独立性、果断性、坚韧性和自制性。

1. 独立性

独立性是指一个人在行动中具有明确的目的，不屈从于周围的人的压力，按照自己的信念、知识和行为方式行动的品质。它反映了一个人坚定的立场和信仰，是高度发展的意志特征。具有独立性的人，在行动中既不轻易受到外界影响，又不拒绝一切有益的意见。与独立性相反的意志品质是易受暗示性和独断性。易受暗示性是指一个人容易受别人的影响，对别人的思想、行为不认真分析就盲目接受，随便改变原来的决定。独断性是指一个人表面上似乎是独立地做决定、执行决定，但实际上缺乏独立性，因为他不考虑自己做的决定的合理性，固执己见、一意孤行，拒绝考虑别人的任何批评、劝告和有益建议。

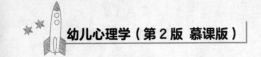

2. 果断性

果断性是指一个人善于明辨是非，能迅速而合理地做决定和执行决定。果断的人对自己的行为目的、方法以及可能的后果，都有深刻的认识和清醒的估计。所以，具有果断性的人在动机冲突时能当机立断，在行动时能敢作敢为，在不需要立即行动和情况发生变化时又能随机应变。

与果断性相反的意志品质是优柔寡断和草率决定。优柔寡断的人遇事犹豫不决、患得患失、顾虑重重；在认识上分不清轻重缓急，动机冲突时间过长，在不同的目的、手段之间摇摆不定，迟迟做不出取舍，即使执行决定也是三心二意。草率决定的人则相反，在没有弄清楚情况时就不负责任地仓促决定，凭一时冲动，而不考虑主观条件和行动的后果。

影响果断性的因素有两个：一是在有关事物方面是否具备相应的知识经验，人们对没有经验的事物总是难以决断；二是自信心，对于有相应经验的事物如果仍然优柔寡断，往往是缺乏自信心的表现。

3. 坚韧性

坚韧性是指一个人能长期保持充沛的精力，与各种困难做斗争，不屈不挠地向目标前进。具有坚韧性的人，一方面善于克服各种不符合目的的主客观因素的干扰；另一方面善于长期地维持与目的相符合的行动，坚持到底，毫不懈怠。所谓"锲而不舍，金石可镂"，就是意志坚韧性的表现。坚韧性对事业的成功具有重要的作用。

与坚韧性相反的意志品质是顽固执拗和见异思迁。顽固执拗的人只承认自己的意见和论据，对自己的行动不做理性评价，执迷不悟。见异思迁的人则表现为行动易发生动摇，行动过程中随意更改既定目标和方向，虎头蛇尾，这山望着那山高，而终致碌碌无为。

影响坚韧性的因素很多，主要有心理承受能力，自信心，情感、动机的强度。人们对抱有强烈的热爱情感以及强烈的追求愿望的目标是不会轻易放弃的。

4. 自制性

自制性是指一个人善于控制和支配自己行动的品质。具有自制性的人，在任何情况下都能保持清醒的头脑，控制自己的感情不受外界干扰的影响；善于约束自己的言论，不信口开河；克制自己的行为，遇事三思而后行。"富贵不能淫，贫贱不能移，威武不能屈"，就是意志自制性的表现。

与自制性相反的意志品质是任性和怯懦。任性的人不能约束自己的言行，不能控制自己的情绪，行为常被情绪所支配，常常只顾眼前的一时痛快而耽误了对主要生活目标的追求。怯懦的人胆小怕事，遇到困难或情况发生变化时就惊慌失措、畏缩不前。

影响自制性的因素主要与个体从小受到的外界约束有关。经常受外界约束的人，会逐渐将外界约束内化为自我约束从而形成自制力。例如，从小父母管教严的孩子一般自制性较强，而父母一贯放纵的孩子就一般比较任性。此外，自制性还与个体的神经活动类型有关。例如，神经活动类型为安静型的人容易形成较好的自制性，而神经活动类型为兴奋型的人大多自制性较差。此外，自制性还与年龄有关，年龄越小自制性越差。

态度、兴趣、需要、动机、动机水平、动机冲突、选择和决策、行动以及意志品质这些心理因素，都不同程度地对意志行动的发展起着重要的作用。

第二节　幼儿意志的发展、发展特点及培养策略

幼儿意志的发展有着自己独到的特点和规律，幼儿教师需要深刻认识这些特点和规律，然后有针对性地提出科学的培养策略。

一、幼儿意志的发展

意志是通过行动表现出来的，而行动就是一系列的动作。没有基本动作的发展，不可能产生意志行动，而没有意志成分的参与，或所谓有意性的调控，动作也不可能得到发展和完善。对成人来说，有些意志过程是比较深刻的，不直接外露。而幼儿的意志过程，由于幼儿生理发育和心理活动发展水平的限制，还处于发展的低级阶段。幼儿的意志过程往往表现为直接外露的意志行动，意志内化的水平很低。因此，当我们谈及幼儿意志的发展时，只能说是在有意运动的基础上发展起来的意志行动，或者说是意志的萌芽。

（一）有意运动的发生及其特点

运动根据有无目的性和努力的程度可分为无意运动和有意运动。无意运动又称不随意运动，它是人没有意识到的被动运动，是指由事物变化直接引起的肌肉运动。无意运动是人天生就会的，它是无条件反射活动。如刚出生的婴儿就有吸吮动作反应；婴儿吃饱了，会用舌头把奶嘴顶出来；给婴儿喂苦水，他的头会摆来摆去躲避奶嘴。这些都是无意运动。

有意运动又称随意运动，它是指人为了达到某种目的而主动去支配自己的肌肉运动。例如，伸手去拿杯子，用脚去踢球等。有意运动是人在后天学会的，是人自觉意识到的主动运动。有意运动是在无意运动的基础上发生的，它是意志的基本组成成分。

婴儿刚出生时，除了一些本能动作以外，其他动作是混乱的，甚至两只眼睛的运动也不协调，有时一眼向左，一眼向右，手也只是胡乱摆动。半个月以后，双眼的协调运动发展起来了，可是手的协调运动发展要晚得多。

两三个月时，婴儿的手偶然碰到被子或其他物体，他会去抚摸它；有时，婴儿也会用自己的一只手去抚摸自己的另一只手。此外，手的动作特点是沿着物体的边缘移动，或者拍打，还不会抓握物体。这种抚摸动作是无意运动，它没有任何目标，也没有方向性。

三四个月大的婴儿，如果有人把东西放在他的手掌上，他会去抓握。这种抓握已经不

是天生的本能的抓握反应，不像以前那样抓得紧紧的，但也是无意的、被动的抓握。婴儿会把手里的玩具摇得发出响声，但他并非有意把玩具弄响。有时，是他的手无意地挥动，带动了手里的玩具发出声响。婴儿有时也会抓住系在小床上的绳子，那也只是偶然的、无意的动作。

大约 4 个月大时，婴儿看见眼前的物体，如挂在小车上的小铃铛，已经有了想去抓握的愿望，但是他伸出去的手可能总是在物体的周围打转，抓不住那个物体。这就说明他的手眼动作还不协调，大脑还不能支配手的动作，不能让手去抓住眼睛看见的物体。

大约 4～5 个月时，婴儿出现了手眼协调动作。手眼协调动作是指眼睛的视线和手的动作能够配合，手的运动和眼球的运动协调一致，也就是能够抓住所看见的物体。婴儿的动作有了简单的目的方向，并且婴儿能够做出一些虽然简单但有效果的动作，例如把物体拉过来、推开，把奶瓶的奶嘴送到自己的嘴里等。不过，此时的动作虽然有目标，但还伴随许多不相干的动作。如去拿皮球时，不仅动手，还动起脚来。

当婴儿出现手眼协调动作后，他就不再是被动地等待物体到来，而是能够主动地用手去准确地抓住眼前的物体。从这里可以看出，手眼协调动作是在婴儿手的动作的混乱阶段、无意抚摸阶段、无意抓握阶段、手眼不协调的抓握阶段之后产生的。从这里也可以看出，有意运动是在无意运动的基础上产生的。

婴儿的直立行走运动也是在无意运动的基础上逐渐产生的。

手眼协调动作的发生，是有意运动发生的主要标志，是婴儿用手的动作有目的地认识世界和摆弄物体的萌芽，也是手成为认识器官和劳动器官的开端。

（二）意志行动的萌芽

意志行动是一种特殊的有意行动，其特点不仅在于自觉意识到行动的目的和行动过程，而且在于努力克服前进中的困难。因此幼儿行动自觉意识性的发展要经过比较长的过程。整个学前期，幼儿的意志行动都只是处于比较低级的阶段。

8 个月左右，幼儿动作有意性的发展出现了质变，可以说是意志行动的萌芽。这时幼儿能够坚持指向一个目标，并且做出一定努力去排除障碍。例如，幼儿看见一个物体，因隔着一个坐垫而拿不到时，他会做出一定努力去挪开那个坐垫，把物体拿到手。

这种动作明显是作为方法或手段而出现的。有时，幼儿抓住成人的手，向想要而又不能取得的物体的方向拉动。在这里，动作的目的和方法不仅有明确的区分，而且有一定的协调。但是，其所用的动作方法仍然是已有的习惯动作。

一岁以后，在幼儿的动作中，意志行动的特征更为明显。这时幼儿能够设法探索各种新方法，通过"尝试错误"去排除向预定目标前进中遇到的障碍。例如，当物体在毯子上离幼儿较远时，幼儿拿不到，他试图直接取得而又失败后，偶尔抓住了毯子一角，似乎发现了毯子的运动同物体运动之间的关系，便开始拖动毯子，使物体移向自己，然后将物体拿到手。这就是说，幼儿能够有意识地用行动引起一些事物的变化，并用各种方法去摆弄物体，以便发现新方法。在重复的摸索中，幼儿抛弃无效的方法，保留有效的方法。

二、幼儿意志的发展特点

随着年龄的增长，幼儿的社会性需要逐渐占据主导地位。因此，在幼儿的意志行动中，社会性动机逐渐占优势，这必将促使幼儿在具有社会性意义的活动中表现出一定的坚持性。

（一）幼儿需要发展的特点

幼儿需要的发展遵循一个规律，即年龄越小，生理需要越占主导地位。随着年龄的增长，在幼儿前期，幼儿的社会性需要逐渐增加，出现了模仿成人活动的探索性需要、游戏的需要以及与伙伴交往的需要等。但在这个阶段，生理需要仍然是占主导地位的需要形式，同时，需要的发展已经显现出如下明显的个性特点。

（1）开始形成多层次、多维度的整体结构。幼儿的需要中既有生理与安全的需要，也有交往、游戏、尊重、学习等社会性需要，并且各种需要的水平也在发展。

（2）优势需要有所发展。幼儿期是需要发展的活跃期。从 5 岁开始，幼儿的社会性需要迅速发展，求知的需要、劳动的需要和求成的需要开始出现。6 岁时，幼儿希望得到尊重的需要变得强烈，同时对友情的需要开始产生。

（二）幼儿动机发展的特点

动机决定行动目的和行动方法。动机是在需要的刺激下产生的，满足需要是产生需要的基础和前提。从幼儿需要的发展特点也可以看出，婴儿活动动机的产生主要受身体状态、当时的外界环境所影响，动机的稳定性很差、变化性很强，同时婴儿还没有形成具有一定社会意义的动机体系。实验结果表明，婴儿甚至在完成选择一个玩具这样简单的任务时，也难以形成动机间的主从关系。他们翻来覆去地看每个玩具，拿起一个放回去，又拿起另一个，似乎觉得每个玩具都好，都想要，不能决定到底要哪一个。如果告诉他们，选好了一个玩具之后就要到另一个屋子里去，他们听到指示后，马上又将手里的玩具放回原处，继续挑选。如果不去制止，他们就会没完没了地选下去。可见，婴儿的各种动机往往是互不相干的，没有形成主从关系。

进入幼儿期以后，随着社会性需要的发展，幼儿的活动动机有了较大发展。幼儿活动动机的发展表现在以下几个方面。

1. 动机之间出现主从关系

幼儿初期幼儿的动机仍然保留着婴儿期的特点，但随着年龄的增长，动机的主从关系逐渐趋于稳定。有一个实验要求幼儿设法把放在远处的东西拿到手，但是不许从自己的座位上站起来。为了查明幼儿自觉执行任务的情况，实验者是在幼儿看不见的地方观察的。结果

发现，有的幼儿在多次尝试失败以后，站起来走到东西面前，拿了它，又悄悄地回到位子上。这时，实验者立即回到幼儿身边，故意表扬他，并奖励他糖吃，但幼儿拒绝接受。当实验者坚持要给时，幼儿哭了。这说明在幼儿的行为中，遵守规则的动机起主导作用，而获得东西的动机是次要的。

2. 间接远景动机逐渐占优势

随着年龄的增长，幼儿逐渐形成更多间接的远景动机。对幼儿做值日生的动机的实验研究发现，小班幼儿做值日生的动机往往是值日生可以穿戴围裙，是由于对活动本身感兴趣。为了这个兴趣，他们可以重复洗已经洗干净的抹布。中、大班幼儿做值日生时，有社会意义的动机逐渐占主要地位。他们比较注意值日生工作的成果和质量，明确做值日生是要为别人做好事，并能互相帮助。

3. 内部动机逐渐占优势

外部动机是指推动行动的动机是由外力诱发出来的；内部动机是指人的动机由自我激发，主要受自身兴趣的激发。幼儿初期的行动动机主要由外来影响引起，其产生是被动的，幼儿往往是为了获得成人的奖励。而到了幼儿晚期，幼儿的行为动机中，兴趣的作用逐渐增强，成为左右幼儿行为的一个主要因素。如对于感兴趣的事幼儿就愿意做，而不感兴趣就不爱做，即使做了，坚持的时间也短。

（三）幼儿自觉行动目的发展的特点

幼儿期是自觉行动目的的开始形成的时期。幼儿初期的幼儿，其行动往往缺乏明确的目的，带有很大的冲动性。他们常常不假思索就开始行动，因而行动通常是混乱而无条理的。其行动往往是由外界的影响和当前感知到的情境所决定，已开始的行动容易停止或改变方向。3岁的幼儿做了错事，若问他为什么这样做，他会感到茫然，其实他自己并没有行动目的。

到了幼儿中期，幼儿的行动目的逐渐形成。在活动中，成人往往用具体示范和语言提示为幼儿确定行动目的，指导幼儿按照目的去行动，并且使目的在活动中反复实践、不断强化。但是这种目的不够稳定。他们的目的在活动中通常能保持5～10分钟。在成人的组织下，幼儿逐渐学会提出行动目的，开始尝试着在某些活动中独立地预想行动的结果，确定行动任务。例如，在游戏、绘画等各种活动中，幼儿能够确定自己的活动主题，自己选择行动方法。只是所提目的有时还不够明确，还有赖于成人的帮助。这个时期的幼儿能在活动中独立地提出自己的个人目的，而且能提出相当多的共同目的（约占80%）。中班幼儿在活动中也常常表现出同时有两三个目的，但坚持一个目的的人数比小班幼儿明显增加。他们的目的在活动中通常能保持15～25分钟。

到了幼儿末期，幼儿已经能够提出比较明确的行动目的。这个时期的幼儿不仅能提出个人目的，也能提出共同目的，而且在稳定的游戏兴趣方面，他们的个人目的与共同目的能统一起来。例如，在搭积木的游戏中，他们既有一个共同的目的——搭一座小楼，同时又有个人的目的——搬自己喜爱的那些积木块。在活动中，他们分配角色不仅考虑自己的行动，也注意与其他角色的关系。他们能积极地为搭小楼收集材料，而且不时地为实现共同的活动目的提出新的建议。大班幼儿的目的在活动中通常能保持 35～55 分钟。

（四）幼儿坚持性发展的特点

坚持性也称为持久性，是指在较长时间内连续地自觉按照既定目的去行动。行动过程中的坚持性是幼儿意志发展的主要指标。通过坚持性，我们可以看到幼儿行动目的和动机的发展水平及其作用，又可以看到幼儿克服困难的能力和状况。

幼儿的坚持性是随着年龄的增长而提高的。研究证明，一岁半至两岁的幼儿已经出现了坚持性的萌芽。观察发现，幼儿坚持摆弄某种玩具的时间达 3～9 分钟。把连续坚持 3～9 分钟的时间段累加起来作为每个幼儿的坚持时间，结果，10 个幼儿中有 7 个幼儿的坚持时间占被观察的 90 分钟的 50%以上。从幼儿所用的玩具看，玩具的数量也相当恒定。

有一个实验要求 2 岁、4 岁、6 岁幼儿按要求分拣和折叠 3 种堆在一起的布料，主试除指导语和开始时的具体示范以外，不再做任何强化或其他指示。结果发现，2 岁幼儿已经能够接受坚持性任务。研究证明，从 2 岁到 6 岁，坚持性随着年龄的增长而提高。4 岁和 6 岁幼儿在实验过程中，用于完成任务的时间多于 2 岁幼儿，而用于任务以外的时间少于 2 岁幼儿。从完成的任务数量看，6 岁幼儿比 2 岁和 4 岁幼儿多，其差异有显著的统计学意义。

3 岁幼儿坚持性发展的水平是很低的，他们在某些条件下虽然能够开始有意识地控制自己的行动，但其行动过程仍然不完全受行动目的的制约，他们时常违背成人的语言指示，或者难以使自己的行动服从成人的指示。他们坚持的时间极短，在实现目的的过程中，如果遇到小小的困难，或者任务比较单调枯燥，他们一般会失去坚持完成任务的愿望并停止行动。

坚持性发生质变的年龄段是 4～5 岁，也正是在这个年龄段，外界条件对幼儿坚持性的影响最大。因此，4～5 岁是幼儿坚持性发展的关键年龄段，应抓紧对这个年龄段幼儿坚持性的培养。

三、幼儿意志的培养策略

幼儿意志的培养是一个系统的、持续的过程。它需要尊重幼儿的年龄特点和兴趣，所制订的目标也要适宜。在引导幼儿实现预定目的的过程中，教师和家长要注重对幼儿的坚持性、克服困难的精神和自信心的培养。

（一）激发兴趣，培养幼儿的积极主动性

若一个行动不是自觉自愿的，就谈不上是意志行动。幼儿教师应当以兴趣为引领，让

兴趣激起幼儿的活动动机。

幼儿的活动兴趣不是天生的，是在一定条件的影响下发展变化的。教师要随时注意幼儿活动兴趣的发展趋势，及时采取措施，促使他们的兴趣向正确的方向发展。当幼儿在练习抬头时，用发声的玩具吸引他；当幼儿在学爬行、走路时，用诱人的玩具吸引他向玩具的方向爬去或走去。这些都是很有效的方法。进入幼儿期以后，在婴儿兴趣发展的基础上，幼儿兴趣的范围扩大了，他们对任何新鲜的事物都感兴趣，对客观世界充满了好奇，什么都想看看，什么都想摸摸。兴趣左右着幼儿的行为。实践证明，充满好奇、兴趣广泛的幼儿，一般都能积极主动地参与教师组织的各种活动和游戏，遇到困难和挫折时有一定的克制能力。教师应利用幼儿感兴趣的游戏，使幼儿积极主动、心情愉快地进行活动，以此来培养幼儿良好的活动动机，进而培养幼儿的意志行动。

（二）制订适宜性目标

教师应根据"最近发展区"原则，与幼儿一道制订出一个适宜的目标，并帮助与督促幼儿努力实现这个目标。制订的目标一定要具体、切实、可行，一定要依照幼儿的年龄特征与个体差异，是幼儿通过努力可以实现的。

制订目标前要与幼儿商量，说明任务的艰难，让幼儿真心接受，并对克服困难有足够的思想准备。商量时允许幼儿提出自己的意见，并尽可能尊重幼儿的意见。不可勉强幼儿，因为目标最终是要幼儿去实现的。一旦确定目标，就不可轻易改变和放弃，放弃目标意味着意志的动摇。若多次定下目标，再多次放弃，可能使幼儿对放弃习以为常，以后做事也难再有坚持不懈的意志力。定目标前要充分估计任务的难度与幼儿的能力。任务不宜太满，应当留有余地。这样幼儿不至于因压力太大而产生畏难情绪，特殊情况下未能完成，也有余力补上。合适的目标会使幼儿在完成过程中提高兴趣，有时甚至会因情绪高昂、精神集中而超额完成。这就使幼儿由坚持转化为自觉的追求，进而取得显著效果。久而久之，也会逐渐培养起幼儿坚持不懈的品质。

（三）培养幼儿克服困难的精神

幼儿在实践活动中会碰到来自内部和外部的各种困难。这些困难就是对幼儿意志品质的实际考验。如带幼儿登山游玩就是一种很好的锻炼方式。有的幼儿走累了，想让大人抱，这时大人可以跟幼儿说："咱们来比赛，看看谁先到达目的地。"幼儿可能就会继续往前走。

（四）帮助幼儿在自我锻炼中增强自信

增强自信心，是幼儿发展各种动作和意志行动有力的内部力量。当幼儿得到点滴进步时，成就感可以使他增强自信心。当幼儿在活动失败时，更需要成人的支持、亲近和语言强化，包括提出要求、提示、建议、称赞等，鼓励他再接再厉。家长在幼儿跌倒稍有碰伤时，冷静地帮助他，告诉他如何对待，让幼儿感到这是正常的事，幼儿就会信心十足地继续练习；如果家长大惊小怪，担心幼儿受伤，责备幼儿不该奔跑，就会挫伤幼儿的活动积极性。有的家长通过让幼儿上下楼梯培养幼儿的意志品质。刚开始学上下楼梯时，幼儿会有一定困难，但如果他能从成人的鼓励、支持中得到勇气，克服摔倒带来的心理上的恐惧和身体上的疼痛，就能勇敢地迈出第一步，登上第一级楼梯。随着级数的增加，他的视野渐渐扩大，不用再仰头看着楼上，在心里打问号了，可以自由自在地走上去看个究竟了，他就会充分感受到控制自己身体所带来的喜悦，体验到成功的快乐。新的发现不断激励他克服困难继续攀登、探索，日复一日，他会逐渐养成胆大、勇敢、坚强、不怕困难的优良品质。楼梯越爬越高，意志越练越强。

（五）帮助幼儿完善行动的计划性

对于幼儿而言，他们行动的计划性不是很强，经常做事有头无尾、半途而废，所以成人应鼓励幼儿自始至终做好每一件事。另外，幼儿年龄小，做事易受外部环境影响，在做事的过程中遇到困难，就可能丢下手中的事去干别的。对于这种情况，成人一定不要迁就，而要及时表扬幼儿已取得的成绩，帮助幼儿克服行动的困难，鼓励幼儿做完手中的事再去干别的。这是指导幼儿经受意志锻炼的重要手段。

本章思考与实训

一、思考题

（一）单项选择题

1. 指一个人在行动中具有明确的目的，不屈从于周围人的压力，按照自己的信念、知识和行为方式行动的品质，心理学称之为（ ）。

  A. 自制性   B. 独立性   C. 果断性   D. 坚韧性

2. 指一个人善于明辨是非，能迅速而合理地做出决定和执行决定的品质，心理学称之为（ ）。

  A. 自制性   B. 独立性   C. 果断性   D. 坚韧性

3. 指一个人能长期保持充沛的精力，与各种困难做斗争，不屈不挠地向目标前进的品质，心理学称之为（ ）。

  A. 自制性   B. 独立性   C. 果断性   D. 坚韧性

4. 指一个人善于控制和支配自己行动的品质，心理学称之为（ ）。

  A. 自制性   B. 独立性   C. 果断性   D. 坚韧性

（二）问答题

1. 意志与认识、情绪的关系是什么？

2. 动机冲突有哪些类型？

3. 什么是优良的意志品质？

4. 幼儿意志的发展有什么特点？

5. 怎样培养幼儿的意志品质？

二、案例分析

1960年，美国斯坦福大学的心理学家把一些4岁左右的孩子带到一间陈设简陋的房子里，然后给他们每人一颗非常好吃的软糖，同时告诉他们：如果马上吃软糖只能吃1颗；如果20分钟后再吃，将奖励1颗软糖，也就是说，总共可以吃到2颗软糖。有些孩子急不可待，马上把软糖吃掉。有些孩子则能耐心等待，暂时不吃软糖。他们为了使自己耐住性子，或闭上眼睛不看软糖，或头枕双臂自言自语……结果，这些孩子最终吃到了2颗软糖。

心理学家继续跟踪研究参加这个实验的孩子们，一直到他们高中毕业。跟踪研究的结果显示，那些能等待并最后吃到2颗软糖的孩子，在青少年时期仍能等待机遇而不急于求成，他们具有一种为了更大、更远的目标而暂时牺牲眼前利益的能力，即自控能力。而那些急不可待只吃1颗软糖的孩子，在青少年时期则表现得比较固执、虚荣或优柔寡断。当欲望产生的时候，他们无法控制自己，一定要马上满足欲望，否则就无法静下心来继续做后面的事情。换句话说，能等待的那些孩子的成功率，远远高于那些不能等待的孩子。

问：这个实验给我们的启示是什么？结合生活实际谈谈类似的经历与体验。

三、章节实训

1. 实训要求

请选择一个班级，设计一个符合该班幼儿意志特点的观察记录表。填写记录表，并根据记录结果提出解决策略。

2. 实训过程

（1）6人组成一个小组。

（2）分工合作，设计一个表格。

（3）从不同的角度记录某个幼儿的意志情况，如上课、游戏、区角活动等。

（4）提出解决策略。

（5）评估这种策略的科学性与实用性。

3. 幼儿典型意志行为具体表现列举（参考）

A. 情绪易激动，很难预测他会干什么；

B. 吃饭时爱动；

C. 看电视时一会儿坐着，一会儿站着；

D. 不能坚持玩一个玩具，总是拿拿这个，碰碰那个；

E. 咬手指甲；

F. 神经敏感、神经质或常感到不安；

G. 情绪不稳定，变化无常；

H. 所做的事与年龄不相符；

I. 经常与人争吵；

J. 坐立不安、多动；

K. 经常打碎朋友的或自己家里的物品；

L. 不能与朋友和谐相处；

M. 经常打架；

N. 做事不思前想后，爱冲动；

O. 发火时骂人或说一些伤人的话；

P. 不合自己的意愿时就打滚要赖；

Q. 经常哭哭啼啼地吵闹。

4. 样表

幼儿姓名		班级		观察者	
项目/实施	具体表现	原因分析	解决策略	效果	备注
上课					
游戏					
区角活动					

第十章

幼儿的社会性发展

【本章学习要点】

1. 理解幼儿社会性发展的内容及意义。
2. 掌握幼儿社会性交往的内容。
3. 掌握幼儿人际关系、性别行为、亲社会行为和攻击性行为的发展。

【引入案例】

晓红3岁了，是爸爸妈妈的"掌上明珠"，在家里要什么就给什么。到了幼儿园，晓红会把喜欢的玩具全都拿在自己手里，不让其他小朋友动。为了争抢玩具，晓红经常跟小朋友发生冲突，很多小朋友都不喜欢她。晓红回家很委屈地跟爸爸妈妈说，小朋友都不跟她玩。

问题：晓红的社会性发展遇到了什么问题？幼儿的社会性发展表现出什么样的特点？如何促进幼儿的社会性发展？

幼儿从出生之日起，就被包围在各种社会物体和关系之中，在与人交往的过程中进行着社会个性化和个性社会化的过程。对幼儿来说，最经常、最主要的接触者是父母和同伴，与这些"重要他人"的交往是幼儿社会性发展的重要内容。

第一节　幼儿社会性发展概述

幼儿的社会性发展是一个漫长的过程，它是在与其他人交往的过程中逐渐进行的。因此，幼儿教师和家长在平时要多关注幼儿的人际交往，并以此为基点促进幼儿社会性的健康发展。

一、幼儿社会性发展的内容

社会性是指进行社会交往、建立人际关系、掌握和遵守行为准则，以及控制自身行为的心理特性。社会性的发展，是从婴儿期开始的一个漫长过程。婴儿的微笑、啼哭、认生、模仿等行为的发展，表明他有与其他人交往的需要和能力。幼儿在与周围人的交往中逐渐适应各种人际关系，学会了解别人，掌握一定的行为准则，并逐步学习处理社会生活中遇到的各种问题。

社会性发展是幼儿健全发展的重要组成部分，与体格发展、认知发展共同构成幼儿发展的三大方面。促进社会性发展已经成为现代教育最重要的目标之一。如果幼儿缺乏应有的社会交往能力，就会难以适应现实的社会生活，难以处理人与人之间的复杂关系。幼儿还会不善于用社会准许的行为准则来指导自己的行动，这不利于他融入所生活的社会环境。他不了解别人，也难以了解自己，表现为孤独和有怪癖，以致影响心理的健康发展。

幼儿的社会性发展影响着心理发展的各个方面，也直接影响到幼儿个性的最终形成。因为幼儿的个性及其倾向性是在实践活动中形成的，而一切的实践活动都离不开社会交往。在复杂的、广泛的社会交往中，幼儿的心理过程和个性心理才能得到充分的发展和表现，幼儿的性格才能得到充分锻炼，个性才能逐渐发展。

▌知识拓展 ▌

阿韦龙地区的野孩

1800年1月8日，一个面部和脖子遭受严重创伤的裸体男孩出现在圣赛尔南村庄的边界，该村庄位于法国中南部人口稀少的阿韦龙省内。这个男孩只有1.3米高，看起来大概只有12岁。他既不说话，也不对别人的言语做任何反应。他像一只习惯于野外生活的动物，轻蔑地拒绝准备好的食物，扯掉人们试图穿在他身上的衣服。男孩早年生活在野外，因为缺乏社会生活实践活动，其社会性的发展受到了限制，心理的发展也明显出现了异常。

（一）人际关系的形成

人际关系是社会性的基本内容，幼儿的人际关系主要包括3个方面：一是幼儿与父母的关系，即亲子关系；二是幼儿与同伴的关系；三是幼儿与园所保教人员的关系。

（二）自我意识的形成

自我意识是一个人对自己本身的认识和看法。一岁前的幼儿没有"我"的概念，即物我不分。例如，幼儿用嘴吮吸自己的手指时，不小心把自己的手指当成"好吃的"狠狠地咬上一口，直到被咬疼时才知道是自己咬自己，此时他们开始区分"我"与外界。到两三岁时，幼儿逐步区分出"我"和别人，表明他们已经有了最初的自我意识。进入幼儿园以后，幼儿能够在游戏中，通过别人对自己的反应来认识自己。他们在社会生活中受父母、老师、艺术形象等的影响，开始模仿某些人物的言行，并在游戏中以这些人物自居。

（三）性别角色的形成

不论哪种社会形态，不同性别的人在社会上都充当着不同的性别角色。按照游戏准备说的解释，男孩和女孩玩的多数游戏都是那些与成年以后要充当的社会角色有关的游戏，是为生活做准备。例如，男孩喜欢玩骑马、打仗等游戏，女孩喜欢玩做饭、抱娃娃的游戏。

（四）社会性规范的形成

社会性规范在幼儿心目中形成，是体现其心理社会化进程的指标。幼儿在与人交往的过程中，尤其是在与同伴游戏的过程中学会如何遵守活动规则，为成年以后遵守社会道德规范、法律法规奠定基础。

二、幼儿社会性发展的意义

幼儿社会性发展对于幼儿的心智发育和心理健康具有非常重要的意义。

（一）社会性是幼儿社会性情感及社会交往的需要

幼儿自出生的那一天起就生活在社会之中，也就是说，幼儿一出生就预示着其社会性发展的开始。按照马斯洛需要层次论，幼儿除了基本的生理需要外，还有社会性的需要，如安全需要、归属和爱的需要等。安全需要表明幼儿间接地需要情感支持及社会交往。襁褓中的婴儿因为感到温暖、安全，进而产生与成人主要是母亲的亲近需要。随着年龄的增长，幼儿的社会性情感及社会交往的需要也越来越强烈。罗杰斯也指出，幼儿有"积极关注"的需要，即对诸如温暖、爱、同情、关怀、尊敬及获得别人承认的需要，而"积极关注"是幼儿在社会性情绪、情感交流及社会交往过程中获得的。

（二）社会性影响幼儿身体、心智的发展

良好的社会性会促进幼儿的身心健康。人生活在社会环境当中，时时刻刻接收着来自周围的人、事或自身内部的种种信息，这些信息经过大脑的整理和分析，会对我们的情绪、情感产生影响。例如，当一个幼儿和其他小朋友和谐相处时，他会感到自己是开心、愉快的。这种开心与愉快使他的内分泌系统处于平衡状态，全身的各种腺体正常工作，这有利于他的生长与发育。而且有医学专家研究表明，心平气和的幼儿比生气、烦躁的幼儿免疫力更强，更不易患传染病。

（三）社会性认知的需要

幼儿很早就表现出对社会事物或现象的兴趣，并在此基础上形成认知的需要。但幼儿的社会性认知不等同于对一般客体的认知，它是幼儿主体观念（是非观念、价值观念等）形成的过程：不是简单地接受成人的观念或记住社会现行的规则、规范，而是在了解它们的基础上做出自己的判断、抉择，形成自己的认识。换言之，社会性教育的价值不在于"塑造"幼儿，而在于为幼儿形成自己的观念提供相应的"材料"，促使幼儿自我塑造。

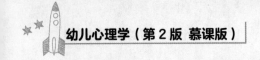

幼儿的社会性交往主要涵盖幼儿人际关系的发展、幼儿性别行为的发展、幼儿亲社会行为的发展和幼儿攻击性行为的发展等方面，下面逐一进行具体阐述。

一、幼儿人际关系的发展

幼儿的人际交往主要有亲子交往和同伴交往。

（一）亲子交往

亲子交往是指幼儿与其主要抚养人（主要是父母）之间的交往。亲子关系是幼儿早期生活中最主要的社会关系，对幼儿的身心发展有重要的影响。

1. 亲子交往的重要意义

首先，早期亲子交往为幼儿提供了丰富的环境，为其认识周围世界、发展认知能力创造了有利的条件。幼儿因其整体发育、发展水平的局限，对成人表现出了极大的依赖性，他们只有在父母的帮助之下才能满足基本的生理需求，同时实现与外界环境的相互作用。幼儿在与父母频繁的接触中，学习大量日常生活知识，认识各种日常用品，锻炼注意力和感知能力，并奠定好奇心和求知欲的发展基础。

其次，父母对幼儿情绪、情感的稳定和健康发展起着极为重要的作用。父母平时对幼儿表现出的关怀、温暖、支持和鼓励，有助于幼儿积极、愉快情绪、情感的获得与发展，并且有助于幼儿形成对他人的关爱、同情、体贴，还对幼儿自信心和自尊的形成具有积极的影响。

最后，亲子交往对幼儿社会性的发展具有直接的影响。亲子交往中，父母所代表的社会阶层的观念、文化，向幼儿传授着多方面的社会性知识、道德准则、行为习惯和交往技能。同时，亲子交往也为幼儿提供了练习社交行为和交往技能的机会，使其在此过程中得到大量的帮助、指导、纠正或强化。幼儿的许多社会性行为，如分享、谦让、合作、帮助、友爱、尊敬长辈等亲社会行为，就是在与父母的交往中，在父母的要求和指导下逐渐习得并发展的。

2. 依恋的发展

早期的亲子关系是幼儿建立同他人的关系的基础，健康的亲子关系对幼儿的发展起着重要的作用，而这离不开良好的亲子依恋。依恋是成人和幼儿之间特殊的亲密关系，也是幼儿早期情绪发展和社会性发展的重要内容，建立正常的依恋关系对幼儿的发展有着极其重要的意义。依恋是幼儿寻求并企图保持与另一个人身体的亲密和情感联系的一种倾向。一般认为，幼儿与主要照料者（母亲）的依恋在出生后第六七个月里形成。

安斯沃斯等人设计了"陌生情景实验"，将幼儿与母亲和一个陌生人安置在一个实验室里，通过母亲离去、返回及陌生人出现等一系列特定程序，考察幼儿分别在与母亲在一起、与陌生人在一起、与母亲和陌生人在一起、独自一人、母亲离开和回来时及陌生人出现和离开时的情景下产生的情绪和行为。通过调查，安斯沃斯认为，由于父母行为的影响，幼儿可能形成 3 种不同的依恋类型：回避型、安全型和反抗型。

（1）回避型。母亲在场或不在场对这类幼儿影响不大。母亲离开时，他们并无特别紧张和忧虑的表现。母亲回来了，他们往往也不予理会，有时也会欢迎母亲的到来，但只是暂时的，接近一下就又走开了。对这类幼儿来说，接受陌生人的安慰和接受母亲的安慰一样。实际上，这类幼儿并未形成对人的依恋，这类幼儿也称"无依恋的幼儿"。这种类型的幼儿较少。

（2）安全型。这类幼儿与母亲在一起时，能安逸地玩弄玩具，对陌生人的反应比较积极，并不总是偎依在母亲身旁。当母亲离开时，他们的探索性行为会受影响，明显地表现出一种苦恼的情绪。当母亲又回来时，他们会立即寻求与母亲的接触，但很快又平静下来，继续做游戏。

（3）反抗型。这类幼儿在母亲要离开之前，总显得很警惕，有点儿大惊小怪。如果母亲要离开他，他会表现出极度的反抗，但是与母亲在一起时，又无法把母亲作为他安全探究的基地。这类幼儿见到母亲回来就会寻求与母亲的接触，但同时又反抗与母亲的接触，甚至有点儿发怒的样子。例如，幼儿见到母亲立刻要求母亲抱他，可刚被抱起来又挣扎着要下来。要他重新回去做游戏似乎不太容易，他会不时地朝母亲那里看。

3 种类型中，安全型是较好的依恋类型。安全型依恋有助于幼儿进行积极的探索，也会影响到幼儿的同伴关系。健康的依恋有助于幼儿个性的发展，培养幼儿健康的依恋的方法如下。首先，父母与幼儿之间要保持经常的身体接触，如抱幼儿，适当和幼儿一起玩耍。同时，父母在和幼儿接触时，要保持愉快的情绪。其次，父母对幼儿所发出的信号要敏感地做出反应，要注意幼儿的行为，并给予一定的关照。

3. 亲子关系类型

不同父母在教养幼儿的具体方式上存在诸多差异，不同的教养方式会形成不同的亲子关系类型。亲子关系通常分为 3 种：民主型、专制型和放任型。

（1）民主型。这种类型的亲子关系中，父母对幼儿是慈祥的、诚恳的，善于与幼儿交流，支持幼儿的正当要求，尊重幼儿的需要，积极支持幼儿的爱好、兴趣；同时对幼儿有一定的控制，常对幼儿提出明确而又合理的要求，将控制、引导性的训练与积极鼓励幼儿的自主性和独立性相结合。父母与幼儿关系融洽，幼儿的独立性、主动性、自我控制、自信心和探索性等方面发展较好。

（2）专制型。这种类型的亲子关系中，父母给幼儿的温暖、培养、慈祥、同情较少；对幼儿过多地干预，态度简单粗暴，甚至不通情达理；不尊重幼儿的需要，对幼儿的合理要求不予满足，不支持幼儿的爱好、兴趣，更不允许幼儿对自己的决定和规则有不同的意见。这类家庭培养出的幼儿或是变得顺从、缺乏生气，创造性受到压抑，无主动性、情绪不安，甚至带有神经质，不喜欢与同伴交往，忧虑、退缩、怀疑；或是变得以自我为中心和胆大妄为，在家长面前和背后言行不一。

（3）放任型。这种类型的亲子关系中，父母对孩子的态度或是关怀过度、百依百顺、宠爱娇惯；或是消极的，不关心、不信任，缺乏交流，忽视他们的要求；或只看到他们的错误和缺点，对他们否定过多；或任其自然发展。这类家庭往往使幼儿形成好吃懒做、生活不能自理、胆小怯懦、蛮横胡闹、自私自利、清高孤傲、自命不凡、害怕困难、意志薄弱、缺乏独立性等许多不良品质，但也可能使幼儿发展自主、少依赖、创造性强等性格特点。

亲子间的相互作用并不是孤立存在的，它受来自亲子双方及周围环境的诸多因素的制约。首先，父母的性格、爱好、教育观念及对幼儿发展的期望，对亲子关系有直接的影响。其次，父母的受教育水平、社会经济地位以及父母之间的关系状况等，也通过父母一方间接地影响着亲子关系。最后，幼儿自身的发育水平和发展特点以及风俗习惯、文化传统等因素，都会对亲子关系产生影响。

因此，一方面，父母要重视与幼儿的交往，以自己积极、恰当的言行教养幼儿，引导幼儿健康发展；另一方面，托幼机构也必须重视与家长的合作，充分发挥父母在幼儿发展中的积极作用，以更好地促进幼儿的健康成长。

（二）同伴交往

同伴关系是幼儿在早期生活中，除亲子关系之外的又一重要社会关系。

1. 同伴交往的重要意义

首先，同伴交往有利于幼儿学习社交技能和策略，促进其亲社会行为的发展。一方面，幼儿在同伴交往中做出社会交往行为，如微笑、请求、表示邀请等，从而尝试、练习自己已经习得的社交技能和策略，并根据对方的反应做相应的调整，使之不断熟练、巩固和恰当；另一方面，幼儿在同伴交往中通过观察对方的社交行为而学习新的社交手段，从而丰富自身的社交行为，使之在数量和质量上均得到更进一步的发展。同伴关系中，交往双方都处于平等地位，需要幼儿特别关注对方的反应和态度，并提高自己行为的表现性和反应灵活性，以保证双方的信息交流顺利进行，从而更能锻炼幼儿的社会适应性。

其次，同伴交往是幼儿情感健康发展的重要后盾。同伴之间良好的交往关系，能使幼儿产生安全感和归属感，从而心情轻松、愉快。研究者观察发现，幼儿在与同伴交往时经常表现出更多、更明显的愉快、兴奋和无拘无束的交谈，并且能放松、自主地投入各种活动。同时，良好的同伴关系也能成为幼儿的情感依赖，对幼儿具有重要的情感支持作用。例如，在陌生的实验室中，一些4岁的幼儿与其同伴在一起，而另一些则独自一人。结果发现，前者比后者更容易安静地、积极主动地探索周围的环境、玩玩具或做其他活动。

最后，幼儿在同伴交往中进行观察学习和探索活动，有助于促进其认知能力的发展。同伴交往为幼儿提供了分享知识经验，互相模仿、学习的重要机会。他们在活动中不断地重新操作、组合玩具，从不同角度去使用活动材料，这一过程中也伴随着同伴间的交流、协商、讨论，非常有助于幼儿积累知识、丰富认知，发展思考、操作和解决问题的能力。

另外，同伴交往可以为幼儿自我意识的发展提供基础。同伴交往为幼儿进行自我评价提供了有效的对照标准。4 岁左右的幼儿已能将自己与同伴做简单的对比，他们常会对另一个幼儿说"我比你快""我的比你的好"等。同伴的行为和活动就像一面"镜子"，为幼儿提供自我评价的参照，有助于幼儿形成积极的自我概念。同时，同伴交往为幼儿进行自我调控提供了丰富的信息和参照标准。例如，打人常招致同伴的拒绝或逃避，而微笑则换回的是友好和合作，从同伴的不同反应中，幼儿可以了解自己行为的结果与性质，从而对自我行为进行调控。

2．幼儿同伴交往的发展

同伴之间的交往，最早可以在 6 个月大的幼儿身上看到，这时的幼儿可以相互触摸和观望，甚至以哭泣来对其他幼儿的哭泣做出反应。6 个月以后，幼儿之间交往的社会性逐渐加强。有人对 2 岁以内幼儿的同伴交往进行研究，将其分为如下 3 个阶段。

第一阶段：物体中心阶段。这时幼儿之间虽有相互作用，但他们的大部分注意都指向玩具或物体，而不是指向其他幼儿。

第二阶段：简单相互作用阶段。这时幼儿对同伴的行为能做出反应，并常常试图支配其他幼儿的行为。例如，一个孩子坐在地上，另一个孩子转过来看他，并挥挥手说声"嗒"，然后继续看着那个孩子。这样重复了 3 次，直到那个孩子笑了。以后每说一声"嗒"，那个孩子就笑一次，一直重复了 12 次。这个孩子的重复行为就是一种指向其他幼儿的社会性交往行为。

第三阶段：互补的相互作用阶段。这时幼儿出现一些更复杂的社会性交往行为，对他人行为的模仿更为常见，出现了互动或互补的角色关系，如"追赶者"和"逃跑者"、"躲藏者"和"寻找者"、"给予者"和"接受者"。在这一阶段，当积极性的社会交往发生时，幼儿常伴有微笑、出声或其他恰当的积极情绪。

3．幼儿社交地位的分化

由于早期亲子交往经验、幼儿自身的特征、活动材料和活动性质等因素的影响，不同幼儿的同伴交往水平是有差异的。庞丽娟采用"同伴现场提名法"对 4～6 岁幼儿的同伴交往类型进行研究，结果表明，幼儿的社交地位已经分化，主要有受欢迎型、被拒绝型、被忽视型和一般型 4 种基本类型。

（1）受欢迎型。这种类型的幼儿约占 13.33%。他们喜欢与人交往，在交往中积极主动，且常常表现出友好、积极的交往行为，因而受到大多数同伴的接纳、喜爱，在同伴中享有较高的地位，具有较强的影响力。

（2）被拒绝型。这类幼儿约占 14.31%。和受欢迎幼儿一样，他们喜欢交往，在交往中活跃主动，但常常采取不友好的交往方式，如强行加入其他小朋友的活动、抢夺玩具、大声叫喊、推打小朋友等，攻击行为较多，友好行为较少，因而常常被多数幼儿所排斥、拒绝，在同伴中地位低，同伴关系紧张。

（3）被忽视型。这类幼儿约占 19.41%。他们不喜欢与人交往，常常独处或一人活动，在交往中表现出退缩或畏缩。他们很少对同伴做出友好、合作的行为，也很少表现出不友好、侵犯性行为，因此既没有多少同伴主动喜欢他们，也没有多少同伴主动排斥他们。他们在同伴心目中似乎是不存在的，被大多数同伴所忽视和冷落。

（4）一般型。这类幼儿约占 52.95%。他们在同伴交往中行为表现一般，既不是特别主动、友好，也不是特别不主动或不友好。有的同伴喜欢他们，有的不喜欢他们。他们既没有特别受同伴喜爱、接纳，也没有被忽视、拒绝，因而在同伴心目中的地位一般。

▐ 知识拓展 ▐

同伴现场提名法

该方法通过同伴对幼儿的提名，了解某一幼儿在同伴社交中的地位。具体就是在幼儿集体活动的现场，挑选一处既能使幼儿看到班上其他所有同伴，又不至于使幼儿被别人干扰的地方，逐个向幼儿提问"你最喜欢班上哪3个小朋友？"（正提名）和"你最不喜欢班上哪3个小朋友？"（负提名），详细记录幼儿的提名情况。如果某一幼儿被提名为"最喜欢的小朋友"，他在正提名上就被记1分；相反，如果被提名为"最不喜欢的小朋友"，就在负提名上记1分。综合全班幼儿的回答，便可以得出每个幼儿的正、负提名总分。据此便可以判断某个幼儿被同伴接纳的程度，从而判断其同伴社交地位的类型。

从发展的角度看，在4～6岁范围内，随着幼儿年龄的增长，受欢迎型幼儿的人数呈增多趋势，被拒绝型、被忽视型幼儿的人数呈减少趋势。但是需要我们注意的是，在4种同伴交往类型中，被拒绝型和被忽视型幼儿占有一定的比例，他们相对处于不利的社交地位，很少得到同伴的接纳和喜爱，难以与同伴进行合作、交流，这对他们的社会性和整个身心的发展都不利。

因此，教师应尽量帮助那些交友困难的幼儿，使他们逐渐被同伴接受。首先，要引导他们了解受欢迎型幼儿的性格特点及自身存在的问题，帮助他们学习与他人友好相处。其次，要引导其他幼儿发现这些幼儿的长处，及时鼓励和表扬他们，提高这些幼儿在同伴心目中的地位，通过有效的教育活动促进幼儿的交往。

▐ 小思考 ▐

幼儿能从与同伴一起做事情的过程中获益，可以学习社会交往以及与他人建立亲密感所需的技能，同时获得一种归属感，而不良的同伴关系会对幼儿的发展造成实际的伤害。如果一个害羞、敏感的幼儿抱怨自己被其他幼儿拒绝，作为一名幼儿教师，你会怎么做？

二、幼儿性别行为的发展

幼儿性别行为的发展，是在对性别角色认知的基础上，逐渐形成较为稳定的行为习惯的过程，会导致幼儿之间在心理和行为上的性别差异。

（一）性别行为的产生（2岁左右）

2岁左右是幼儿性别行为初步产生的时期，具体体现在幼儿的活动兴趣、同伴选择和社会性发展3个方面。幼儿对同性别玩伴的偏好也出现得很早。在托幼机构中，2岁的女孩就开始表现出更喜欢与其他女孩玩，而不喜欢跟男孩玩。2岁的女孩对父母或其他成人的要求有更多的遵从，而2岁的男孩对父母要求的反应则更趋于多样化。

（二）性别行为的加强（3～6岁）

进入幼儿期后，幼儿之间的性别角色差异日益稳定、明显，具体体现在以下3个方面。

（1）游戏活动兴趣方面的差异。幼儿期的游戏活动中，已经可以看到男女幼儿明显的兴趣差异，男孩更喜欢有汽车参与的运动性、竞赛性游戏，女孩则更喜欢"过家家"的角色游戏。

（2）选择同伴和同伴相互作用方面的差异。3岁之后，幼儿选择同性别伙伴的倾向日益明显。研究发现，3岁的男孩就趋向于选择男孩而不选择女孩作为伙伴。还有研究发现，男孩和女孩同伴之间的相互作用方式也不同。男孩之间更多打闹、为玩具争斗、大声叫喊、发笑，女孩则很少有身体上的接触，更多是通过规则来协调。

（3）个性和社会性方面的差异。幼儿期的幼儿在个性和社会性方面已经开始有了比较明显的性别差异，并且这种差异不断发展。一项跨文化研究发现，在所有文化中，女孩早在3岁时就对照看比她们小的婴儿感兴趣。还有研究显示，4岁女孩在独立能力、自控能力、关心他人3个方面优于同龄男孩；6岁男孩的好奇心、情绪稳定性和观察力优于同龄女孩；6岁女孩对人与物的关心优于同龄男孩。

三、幼儿亲社会行为的发展

幼儿期是亲社会行为发展的关键期，亲社会行为的发展，能促使幼儿更好地融入集体生活。

（一）幼儿亲社会行为的含义

亲社会行为又叫积极的社会行为，或亲善行为。它是指一个人帮助或者打算帮助他人，做有益于他人的事的行为和倾向。幼儿的亲社会行为主要表现为同情、关心、分享、合作、

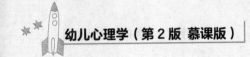

谦让、帮助、抚慰、援助、捐献等。亲社会行为是人与人之间在交往过程中维护良好关系的重要基础，对个体及社会的发展具有重大的意义。

（二）亲社会行为的早期发生

幼儿很早就通过多种方式表现亲社会行为，尤其是同情、帮助、谦让、分享等利他行为。据观察，5个月大的婴儿已经开始有认生现象，会排斥他们不熟悉的人，会对他们较为熟悉的人微笑，这种反应行为就是幼儿最初表现出的亲社会行为。当幼儿看到别的幼儿摔倒、受伤、生病、哭泣时，他们会关注并表现出伤心等共鸣性情感。到了1岁左右，幼儿会对别的幼儿做出一些积极的抚慰动作，如过去站在他们的身旁，拉一拉对方的手，或者轻拍、抚摸对方受伤的地方，或者把好吃的东西给对方，表现出最初的分享行为。

到了2岁左右，幼儿具备了各种基本的情绪体验，能够模仿成人或者在成人的引导下表现出同情、分享、助人等利他行为。与此同时，幼儿开始按照成人所要求的规则，初步了解到什么是可以做的，什么是不可以做的，形成了简单的道德规范认知。

亲社会行为的出现与幼儿自我意识的发展、社会认知能力的发展关系密切。由于3岁前幼儿的自我意识尚处于萌芽状态，此时他们表现出来的亲社会行为多停留在情绪反应上或属于模仿性助人行为，而真正的亲社会行为的出现要到幼儿期。

（三）幼儿亲社会行为的发展特点

随着生理的成熟，幼儿园的生活扩大了幼儿的生活范围，增加了他们的交往经验，幼儿的亲社会行为有了进一步的发展。

1. 幼儿的亲社会行为发展不存在性别差异

据王美芳、庞维国对在园幼儿亲社会行为的观察研究，不论小班、中班还是大班幼儿，其在园亲社会行为均不存在性别差异。这与一些家长、教师通常认为女孩的亲社会行为要多于男孩的结论不一致。研究认为，这与人们传统的性别角色期待有关，一般的社会文化期待女孩更富有同情心、更敏感，因此应表现出更多的亲社会行为。现实中幼儿亲社会行为的性别差异可能比人们想象的要小。

2. 幼儿的亲社会行为主要指向同伴，极少指向教师

据王美芳、庞维国的观察研究，幼儿在园的亲社会行为中，有88.7%是指向同伴的，指向教师和无明确指向对象的亲社会行为较少，分别为6.5%、4.8%。主要原因是，幼儿的亲社会行为主要发生在自由活动时间。在自由活动时间，幼儿的交往对象基本是同伴，而且同伴之间地位平等、能力接近、兴趣一致，因此他们有机会、有能力做出指向同伴的亲社会行为。在幼儿与教师的交往中，幼儿一般是处于接受教育的地位，更多表现出遵从行为，而较少做出亲社会行为，因此幼儿的亲社会行为指向教师的较少。

3. 幼儿的亲社会行为指向同性伙伴和异性伙伴的次数存在年龄差异

在幼儿园，小班幼儿的亲社会行为指向同性、异性伙伴的次数比较接近，这是由于小

班幼儿的性别角色、认知处于同一性阶段，他们并不严格根据性别来选择交往对象。而中班和大班幼儿的亲社会行为指向同性伙伴的次数不断增多，指向异性伙伴的次数不断减少，这是由于从中班起，幼儿对性别角色开始认知，他们开始更多地选择同性别幼儿作为交往对象，因此他们的亲社会行为自然就更多地指向同性伙伴。

4. 幼儿的亲社会行为中，合作行为最为常见，其次是分享行为和助人行为，安慰行为和公德行为较少发生

在幼儿的亲社会行为中，发生频率最高的是合作行为，而其他类型的亲社会行为发生的频率相当低。其中，大班幼儿的合作行为所占比例显著高于中班和小班幼儿。

▌案例分析▌

在美术活动中，幼儿们都很用心地作画、涂色，老师来回巡视给个别幼儿辅导。突然张雨轩大声地喊老师："老师，我向李浩然借油画棒，他不借给我。"任凭张雨轩怎么说，李浩然就是不借，牢牢地抓着自己的油画棒。老师上前问张雨轩："你的油画棒呢？"张雨轩说昨天带回家忘记带来了。老师又问李浩然："你为什么不愿意借给她呢？你们坐在一张桌子旁，应该是好朋友啊，好朋友要互相帮助、互相关心，是不是？她借用一下就还给你，好不好？"李浩然不看老师，低着头说："我的油画棒不给别人用！"老师愣住了，耐心地开导李浩然半天，他才不情愿地把油画棒借给张雨轩用。

《幼儿园教育指导纲要（试行）》中指出，社会领域的教育具有潜移默化的特点。幼儿社会态度和社会情感的培养尤应渗透在多种活动和一日生活的各个环节之中。在幼儿园阶段，帮助幼儿提高了解他人情感和需要的能力，教育和培养幼儿良好的合作和分享意识是很重要的。材料中的李浩然小朋友是个缺乏合作能力、分享意识的孩子。这一现象的原因跟家庭教养方式有关，幼儿教师应着重培养李浩然小朋友的合作与分享意识，促进其亲社会行为的发展。

四、幼儿攻击性行为的发展

幼儿的攻击性行为不仅会给周围的幼儿带来身心方面的伤害，反过来，实施攻击性行为的幼儿自身也会受到伤害，幼儿教师必须重视幼儿攻击性行为的危害，并对其进行科学矫治。

（一）攻击性行为的含义

攻击性行为是指导致他人身体上或心理上产生痛苦的有意伤害行为。这种有意伤害行为包括直接的身体伤害、语言伤害和间接的、心理上的伤害。攻击性行为在不同的年龄阶段的幼儿身上都会有或多或少的表现，它一般表现为打人、骂人、推人、踢人、抢别人的东西等。

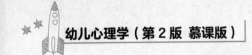

根据意图，攻击性行为分为敌意性攻击行为和工具性攻击行为。敌意性攻击行为是有意伤害别人的行为，如一个小朋友故意把另一个小朋友打哭。但如果一个小朋友为了得到玩具而把另一个小朋友推倒，这种攻击性行为属于工具性攻击行为。

（二）攻击性行为的发生

幼儿在 1 岁左右开始出现工具性攻击行为。到 2 岁左右，幼儿之间表现出一些明显的冲突，如打、推、踢、咬、扔东西等，其中绝大多数冲突是为争夺物品，如玩具、手巾，甚至座位而发生的。

（三）幼儿攻击性行为的特点

到了幼儿期，幼儿的攻击性行为在频率、表现形式和性质上都发生了很大的变化。

1. 幼儿的攻击性行为有着非常明显的性别差异

观察者发现，男孩的攻击性行为普遍比女孩多，而且他们很容易在受到攻击后采取报复行为；女孩在受到攻击时则有的哭泣、退让，有的向老师报告，而较少采取报复行为。男孩还经常怂恿同伴采用攻击性行为，或者亲自加入同伴间的争斗。

2. 中班幼儿的攻击性行为明显多于小班、大班幼儿

从频率上看，4 岁之前，幼儿攻击性行为的数量是逐渐增多的，到 4 岁时攻击性行为最多，但这之后数量逐渐减少。其中，尤其是婴儿身上常见的无缘无故发脾气、扔东西、抓人、推开他人的行为逐渐减少。

3. 幼儿的攻击性行为以身体动作为主

多数幼儿常采用身体动作的方式实施攻击性行为，如推、拉、踢、咬、抓等。尤其是年龄小的幼儿，常常为争抢座位、玩具而出手抓人、打人、推人，甚至用整个身体去挤撞"妨碍"自己的他人。随着言语的逐步发展，幼儿从中班开始逐渐增加了言语的攻击。例如，在游戏中发生矛盾冲突时，幼儿常冲对方嚷嚷"你真讨厌，我不跟你玩了"。幼儿时期这种带有攻击性的言语反应在人际冲突中表现得越来越多，而身体动作的攻击反应逐渐减少。

4. 幼儿的攻击性行为以工具性攻击行为为主

幼儿常常因为玩具、活动材料或活动空间而争吵、打架，表现出以工具性攻击行为为主的特点。但随着年龄的增长，幼儿慢慢地也表现出敌意性攻击行为，有时故意向自己不喜欢的成人或小朋友说难听的话，或者在被他人无意伤害后，有意骂人或打人、扔玩具等以示报复。例如，幼儿常常故意说一些气人的话："你有什么了不起的，我才不理你。"

总体来说，幼儿期的幼儿容易因为玩具和物品而发生矛盾和冲突，经常采用身体动作或言语攻击的方式来对付对方。由于攻击性行为不仅会影响幼儿品德的发展，而且如果任其

发展，并延续到青少年时期，容易导致攻击性人格，这会严重影响幼儿以后正常的社会交往和良好人际关系的形成。因此，教师要注意正确认识和分析幼儿攻击性行为的性质，同时要注意教给幼儿恰当的交往方式，特别是当幼儿的愿望、需要与他人发生矛盾时，要让他注意控制自己，以积极、恰当的方式解决冲突。

本章思考与实训

一、思考题

（一）单项选择题

1. （　　）是幼儿健全发展的重要组成部分，它与体格发展、认知发展共同构成幼儿发展的三大方面。

A. 亲社会行为的发展　　　　　　B. 同伴关系的发展

C. 兴趣的发展　　　　　　　　　D. 社会性的发展

2. 最有益于幼儿个性良好发展的是（　　）亲子关系。

A. 民主型　　　　B. 专制型　　　　C. 独断型　　　　D. 放任型

（二）问答题

1. 简述幼儿攻击性行为的特点。

2. 幼儿的社会性发展主要包括哪些内容？

3. 幼儿的亲社会行为有哪些特点？

二、案例分析

5岁的安娜坚持用新的方式打扮自己。不管是在家里还是出去玩的时候，她都希望穿长T恤、打底裤和靴子。妈妈问她为什么这么穿的时候，她说："菲菲这么穿，女孩子都喜欢她。"

问：根据上述材料分析同伴关系对幼儿发展的影响。

三、章节实训

1. 实训要求

结合到幼儿园见习的机会，观察并做分类记录：哪些游戏活动可以使幼儿表现出更多的亲社会行为。

（1）记录活动时要分别注明其适用于哪个年龄班的幼儿。

（2）记录活动时写清楚亲社会行为的内容。

（3）至少观察3个游戏项目。

2. 实训过程

（1）6人组成一个小组。

（2）分工合作，设计一个观察表格。

（3）根据设计的观察表格进行观察并做好记录。

3．样表

观察者：

游戏名称	亲社会行为描述	培养策略	年龄班

第十一章

幼儿个性的发展

【本章学习要点】

1. 理解气质、性格和能力等个性心理特征的概念。
2. 掌握幼儿个性心理特征的发展与培养策略。
3. 能够运用幼儿个性心理特征的知识指导教育教学实践活动。

【引入案例】

一个小男孩，他在小的时候就习惯依赖别人，饭由大人喂，衣服由大人帮着穿，在家想要什么，奶奶、姥姥就给什么，非常任性。到了小学四年级，他发生过这些事情：书包丢了两个，红领巾买了20多条，铅笔、橡皮买了无数，写作业要大人看着，甚至有一次老师布置的手工作业他让姥姥做，还拿班里同学文具盒里的钱买东西吃。由此可以看出幼儿在幼儿期形成的个性对以后发展的影响。我们身上的许多特点都可以在小的时候找到根源。幼儿期是良好个性的养成时期，为幼儿的健康成长起着奠基的作用。

问题：什么是个性？个性包括哪些方面？幼儿的个性表现出哪些特征？家长或教师该如何培养幼儿的个性？

在个体的心理发展中，不仅各种心理过程分别发展着，整个心理面貌也在形成和发展。个性是指一个人的整个心理面貌，即具有一定倾向性的各种心理特征的总和。个性是复杂、多侧面、多层次的统一体。个性的心理结构包括个性倾向性、个性心理特征及自我意识等部分，这3部分有机结合，使个性成为一个统一的整体结构。

个性倾向性是人进行活动的基本动力，是个性心理结构中最活跃的因素。它主要包括需要、动机、兴趣、理想、信念和世界观等，它们较少受生理因素的影响，主要是在后天的社会化过程中形成的。个性倾向性决定着人对现实的态度，决定着人对认识活动对象的趋向和选择。个性心理特征是指一个人身上经常地、稳定地表现出来的心理特点。它是个性心理结构中比较稳定的成分，主要包括气质、能力和性格。在个性心理发展过程中，这些心理特征较早地形成，并且不同程度上受生理因素的影响。自我意识是主体对自己的反映过程，它包括自我认识、自我评价、自我调节，是个性心理结构中的控制系统。

第一节 个性心理特征概述

个性心理特征具有稳定性，其一旦形成，后期不易改变。因此，在幼儿期教师一定要密切关注幼儿的个性心理特征，并进行科学引导，使之朝着健康的方向发展。

一、气质概述

气质是先天获得的稳定心理特征之一，其本身没有优劣之分。

（一）气质的定义

气质是个人心理活动的稳定的动力特征。心理活动的动力特征主要是指心理过程的强度（如情绪体验的强度、意志努力的程度）、心理过程的速度和稳定性（如知觉的速度、思维的灵活程度、注意力集中时间的长短）和心理活动的指向性（倾向于外部事物还是倾向于内心世界）等方面的特点。

"气质"这一概念与我们平时所说的"脾气""秉性""性情"相似。气质不是推动个体进行活动的心理原因，而是心理活动稳定的动力特征，它影响个体活动的一切方面，使一个人的整个心理活动都涂上独特的个人色彩。例如，一个学生每逢考试就激动，等待朋友时坐立不安，比赛前沉不住气，经常抢先回答老师的提问，可见这个学生具有情绪激动的气质特征。

（二）气质类型及其表现

巴甫洛夫通过实验研究发现了 4 种高级神经活动类型，与希波克拉底提出的气质类型相吻合。

巴甫洛夫是根据高级神经活动的 3 种基本特性——强度、平衡性和灵活性的结合，来划分气质类型的。神经过程的强度是指兴奋和抑制的强度，即神经细胞所能承担的刺激量，以及神经细胞工作的持久性；神经过程的平衡性是指兴奋和抑制两种神经过程之间强度的对比，如果兴奋强于抑制或抑制强于兴奋，都是不平衡的表现；神经过程的灵活性是指神经细胞转换两种神经过程的速度。

高级神经活动基本特性的不同结合，可以形成 4 种典型的高级神经活动类型，如图 11-1 所示。其中 3 种是强型，强型又可分为平衡型和不平衡型，平衡型再可分为灵活型和不灵活型；1 种是弱型，其兴奋和抑制过程都很弱，外来刺激对它来说都是过强的，因而使其精力迅速消耗，难以形成条件反射。具体表现如下。

（1）兴奋型：强而不平衡的类型，容易形成阳性条件反射，但难以形成抑制性条件反射。

（2）安静型：强而平衡，但不灵活，反应迟缓。

（3）活泼型：强而平衡又灵活的类型。

（4）弱型。

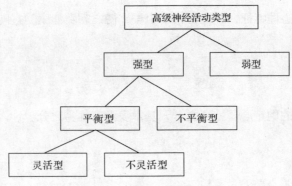

图 11-1 高级神经活动类型

高级神经活动特性在人的心理活动和行为中的表现，主要体现在以下几个方面：一是敏感性，即对刺激物的感受性，是神经过程强度的表现；二是耐受性，即对外界刺激作用时间和强度的耐受程度；三是敏捷性，包括不随意运动的反应速度和一般心理活动反应及心理过程进行的速度；四是灵活性，即对外界环境适应的难易程度；五是外向或内向，反映了神经过程平衡性问题，兴奋强的人容易外向，抑制强的人容易内向。因此，不同的高级神经活动类型，对应不同的4种气质类型，并有相应的心理表现。

气质的分类是相对的。在现实生活中，并不是每一个人都能完全归入某一个气质类型。除了少数人具有4种气质类型的典型特征之外，大多数人都属于中间型或混合型，即只是较多地具有某一类型的特点，同时兼有其他类型的特点。

▍知识拓展▍

神经类型	气质类型	心理表现
弱	抑郁质	敏感、畏缩、孤僻
强、不平衡	胆汁质	反应快、易冲动、难约束
强、平衡、不灵活	黏液质	安静、迟缓、有耐性
强、平衡、灵活	多血质	活泼、灵活、好交际

二、性格概述

性格是后天习得的心理特征之一，具有社会性。

（一）性格的概念

性格是个性中最重要的心理特征，指人对现实稳定的态度以及与之相适应的习惯化了的行为方式，如勤劳、懒惰、坚毅、慷慨、正直、谦虚等性格特点。

首先，性格是人在现实社会中形成的个性品质，它经常与个体的价值观、信念、需要等个性倾向性相联系。由于行为后果总会造成相应的社会影响，所以人们常用社会道德标准来评价性格。符合大多数人的利益、有益于社会的性格，如正直、慷慨、与人为善等被认为是好的；而损害他人利益、危害社会的性格，如懒惰、吝啬、见利忘义则被认为是坏的。因此，性格常常与人的道德品质相关。

其次，性格是一组能展示个人独特风格的心理特征之总和。例如，某一个人对待他人热情、诚恳，对待工作精益求精、任劳任怨，对待生活严肃认真且显得有些刻板固执，这些心理特征之总和即构成了他的性格。

最后，性格具有相对稳定性。个体一旦形成某种性格，便会时时处处都表现出统一的态度或行为方式。例如，一个吝啬的人会处处表现出斤斤计较，而一个鲁莽的人也总是冲撞别人。但是性格是后天习得的，在特定的情景要求下人也会逐步改变自己旧有的性格特征，获得新的性格。例如，一个性格怯懦、胆小怕事的人，由于生活的锻炼，会变得越来越胆大且自信起来。

（二）性格与气质的关系

性格与气质彼此有区别又有联系。

性格与气质的区别主要表现为：气质主要是先天获得的，较难改变，也无好坏之分；性格主要是后天养成的，有可塑性，可以按照一定的社会评价标准分为好的或坏的。气质与性格彼此具有相对独立性，同种气质类型的人可以具有不同的性格特点，不同气质类型的人也可以有类似的性格特点。

不同气质可以使人的性格特点显示出各自独特的色彩，如多血质的人用热情敏捷来表达勤劳，而抑郁质的人则以埋头苦干来展示这同一性格。某一气质会比另一气质更容易促使个体形成某种性格特征，如黏液质的人比胆汁质的人更容易养成自制力。性格可以在一定程度上掩盖和改造气质，一位黏液质的教师会由于多年从事幼儿教育工作，渐渐变得活泼、开朗。

> **┤ 小思考 ├**
>
> 我们知道，人的气质类型是先天的，具有稳定性的特征，但是为什么一个幼儿的行为表现明显属于抑郁质，神经活动类型的检查结果却是"强、平衡、灵活"？

三、能力概述

能力是在实践活动中表现出来的，同时，也是在实践活动中逐渐培养起来的。它直接影响个体的活动效率，和知识、技能有着密切的联系。

（一）能力的概念

能力的概念很复杂。一般认为，能力是直接影响个体活动效率的心理特征，是活动顺利完成的必备心理条件。例如，一位画家所具有的色彩鉴别力、形象记忆力等都叫能力，这些能力是保证画家顺利完成绘画活动的心理条件。

能力表现在个体所从事的各种活动中，并在活动中得到发展。一个有绘画能力的人，只有在绘画活动中才能施展自己的能力；一个有管理才能的人，也只有在领导一个企业、学校或其他组织的活动中才能显示出来。当一个人能顺利完成某种活动时，也就多少表现了他的能力。

人要完成某种活动，往往不是依靠一种能力，而是依靠多种能力的结合。这些能力互相联系，保证了某种活动的顺利进行，这种结合在一起的能力叫才能。例如，学生的解题能力和计算能力结合起来，就组成了数学的才能。能力的高度发展称天才，天才是能力的独特结合，它使人能顺利地、独立地、创造性地完成某些复杂的活动，如莫扎特的音乐天才。

（二）能力的种类

能力的分类方式一般包括以下两种。

1. 一般能力和特殊能力

一般能力，是指大多数活动所共同需要的能力，是在各种活动中共同具有的最基本能力，包括运动、操作能力和智力。

特殊能力，是指为完成某项专门活动所必需的能力，它是在特殊的专门领域内必需的能力。例如，数学能力、音乐能力、绘画能力、体育能力和写作能力等都属于特殊能力。

2. 运动、操作能力和智力

运动、操作能力：运动、操作能力是指操作、制作和运用工具解决问题的能力。例如，劳动能力、艺术表现能力、体育运动能力和实验操作能力等都是运动、操作能力。

智力：指人认识事物的能力，是个体顺利完成各项活动任务最主要、最基本的能力，包括观察力、注意力、记忆力、想象力、逻辑推理能力等。

（三）能力与知识、技能

人们常说，人的能力有大有小，知识有多有少，技能有高有低。那么知识、技能、能力是不是一个意思？它们之间有什么样的关系？

知识是来自人类社会历史经验的总结和概括，是对客观事物的规律性的认识。知识有不同的形式，一种是陈述性知识，即"是什么"的知识，如北京是中国的首都，上海是个大城市等；另一种是程序性知识，即"如何做"的知识，如骑马、开车的知识等。人一旦有了知识，就会运用这些知识指导自己的行动。

技能是指人们通过练习而获得的动作方式和动作系统。技能也是一种个体经验，但主要表现为动作执行的经验，因而与知识有区别。

知识、技能不等于能力。知识和技能是能力的基础，但只有那些能够广泛应用和迁移的知识和技能才能转化为能力。知识、技能与能力又有密切的关系。首先，能力的形成与发展依赖于知识、技能的获得，随着人的知识、技能的积累，人的能力也会不断提高。其次，能力的大小又会影响到掌握知识、技能的水平。一个能力较强的人较易获得知识和技能，他为之付出的代价也比较小；一个能力较弱的人可能要付出更大的努力才能掌握同样的知识和技能。所以，从一个人掌握知识、技能的速度与质量上，可以看出其能力的大小。

第二节　幼儿个性心理特征的发展与培养策略

一、幼儿气质的发展与培养策略

接下来，主要从以下几个方面展开介绍。

（一）根据基本情绪行为模式划分的气质类型

根据幼儿的基本情绪行为反应，他们的气质分为 3 种类型：容易型、困难型、迟缓型。

1. 容易型

不少幼儿属于这一类，约占 40%。他们的吃、睡等生理机能活动有规律、节奏性强。他们容易适应新环境，容易接受新食物和不熟悉的人。他们总是情绪愉快，爱玩，对成人的招呼反应性强。他们对成人的抚爱活动提供大量的积极强化，因而在整个幼儿时期能受到成人的极大关怀和注意。

2. 困难型

这一类幼儿人数很少，占 10%～15%。他们总是在哭，不易抚慰。他们进食时烦躁不安，睡眠不规律，对新刺激畏缩，较难接受变化。他们的心情总是不好，在游戏中也不愉快。成人需要费很大气力才能使他们接受抚爱。由于成人的抚爱经常得不到正面反馈，成人和这类幼儿之间的关系往往不太密切。

3. 迟缓型

这一类幼儿约占 15%。他们不像前一类幼儿那样总是哭闹，常常是安静地退缩，对新事物适应缓慢。如果坚持和他们进行积极的接触，他们也会逐渐产生良好的反应。在没有压力的情况下，他们对新刺激会缓慢地产生兴趣，慢慢地活跃起来。随着年龄的增长，这一类幼儿的发展情况因成人抚爱和教育情况之不同而分化。

有些幼儿并非属于典型的容易型、困难型或迟缓型。有 30%～35% 的幼儿属于中间型或混合型，其气质是上述两种或三种气质的混合。

（二）幼儿气质的发展特点

在人的各种个性心理特征中，气质是最早出现的，也是变化最缓慢的。其表现出以下特点。

1. 幼儿气质具有稳定性

气质与幼儿的生理特点的关系最直接。幼儿出生时就已经具备一定的气质特点，其在整个幼儿期常会保持相对稳定。例如，早期气质测量表明是困难型的幼儿在若干年后还保持着烦躁、易哭闹、不易抚慰和适应新环境、新变化难的特点，而迟缓型的幼儿也常保持着他们的基本特点。

2. 生活环境可以改变幼儿的气质

幼儿气质发展中存在"掩蔽现象"。所谓气质的"掩蔽现象"，就是指一个人的气质类型没有改变，但是形成了一种新的行为模式，表现出一种不同于原来气质类型的气质外貌。如一个幼儿的行为表现明显属于抑郁质，但神经类型的检查结果是"强、平衡、灵活型"。究其原因，发现这个幼儿长期处于十分压抑的生活条件下，其在这种生活条件下形成的特定行为方式掩盖了原有的气质类型，从而出现了委顿、畏缩、缺乏生气等行为特点。

3. 幼儿气质影响父母的教养方式

一般情况下，幼儿的气质类型对父母的教养方式有较大影响。母亲对待不同类型的幼儿的行为方式是不同的。如果幼儿适应性强、乐观开朗、注意力持久，则母亲的民主性就表现突出。影响母亲教养方式的消极气质因素包括：较高的反应强度（如平时大哭大闹）、高活动水平（如爱动、淘气）、适应性差及注意力不集中等。可见，幼儿自身的气质类型又会通过父母教养方式而间接影响自身的发展。因此，父母和教师平时要注意幼儿的气质特点，同时，还要避免幼儿气质中的消极因素对自己教育方式的影响。

气质无所谓好坏，但是它会影响幼儿的全部心理活动和行为、影响父母等对幼儿的对待，如果不加以重视，将会成为形成不良个性的因素。

> **┃小思考┃**
>
> 很多人认为羞怯的孩子是不受欢迎的。父母应该如何对待羞怯的孩子？你认为最好是接受幼儿的气质还是改变它？

（三）根据幼儿的气质类型进行教养

研究幼儿气质及其发展变化的意义就在于，全面、正确、清楚地了解幼儿的气质特点，能够使成人自觉地正确对待幼儿的气质特点，便于针对幼儿的气质特点进行教育和培养。

1. 成人对幼儿的抚养和教育措施，必须充分考虑到每个幼儿的气质特点

由于每个幼儿出生时的气质特点各不相同，父母应主动地使自己的行为节律与幼儿的行为节律相适应。例如，对迟缓型幼儿应格外细心照料，多加鼓励；对于难适应新环境的幼儿，在送入托幼机构的过程中更应多加帮助。同时，父母要注意引导幼儿的行为循着社会所要求的方向发展。这些对幼儿良好个性的形成都是十分重要的。

2. 要善于理解不同气质类型幼儿的不足之处

尽管气质类型无好坏之分，但其作为个体的行为特征，在社会生活中会表现出适宜或不适宜的情况。例如，黏液质的幼儿自制力比较强、有耐心，但不够活泼，比较执拗；抑郁质的幼儿细致，但怯懦、易退缩；多血质的幼儿活泼开朗、机敏灵活，但有时不够踏实；胆汁质的幼儿倾向于大胆、坦率、热情，但又有些爱逞能、易粗心、莽撞。

3. 要巧妙地利用不同气质类型幼儿的心理特点因势利导

例如，对于抑郁质的幼儿，由于他们比较敏感，不宜在公开场合对其点名指责，要多表扬他们，培养其自信心，激发他们的活动积极性；对于胆汁质的幼儿，也要注意不宜针锋相对去激怒他们，要教会他们自制，并让他们逐步养成安静、遵守纪律的习惯；对于多血质的幼儿，要培养其耐心、专心做事的习惯；对于黏液质的幼儿，要引导他们多和其他幼儿交往，鼓励他们多参加集体活动。

4. 要注意和防止一些极端气质类型幼儿的病态倾向发展

抑郁质和胆汁质幼儿，如果稳定性发展过差，不能很好地控制自己，便会表现出一些病态倾向。通常抑郁质幼儿在极不稳定的情况下易发生像紧张、胆怯、恐惧、强迫等具有神经焦虑症倾向的障碍，而胆汁质幼儿的极端化发展则可能与一些更具有攻击和破坏性的行为有关。教师要学会分辨一些基本的心理障碍倾向，采取科学的态度慎重对待他们。

二、幼儿性格的发展与培养策略

幼儿期是性格发展的萌芽时期，培养幼儿良好的性格，对其身心健康发展有着重要意义。

（一）幼儿早期性格的萌芽

首先，幼儿的性格是在与周围环境相互作用的过程中形成的，其中，母子关系在幼儿性格的萌芽过程中起着最重要的作用。母亲的良好照顾和爱抚，使幼儿从小得到安全感，形成对母亲的信任和依恋，有助于为以后良好性格的形成打下基础。

其次，气质差异对幼儿性格的萌芽有所影响。例如，性急的幼儿饿了立刻大哭大闹，这使成人不得不马上放下手头的一切事情，急忙给他喂奶。而对那些饿了只是断断续续细声哼哼的幼儿，成人则可能会把手头的事情做完，再去给他喂奶。日积月累，前一种幼儿可能形成不能等待别人，自己的要求必须立即得到满足的态度和行为习惯，而后一种幼儿则可能培养出自制、忍耐的性格特征。

最后，成人的抚养方式和教育在幼儿性格的最初形成中有决定性意义。例如，成人自己总是且要求幼儿要把东西放整齐、衣服扣子扣好、手脏了立刻去洗等，幼儿耳濡目染，在潜移默化中形成了好整洁、爱劳动的性格特征。又如，幼儿看见糖就拿过来吃，甚至大把大把地抓到自己身边。这时如果成人不加以教育，反而报以赞赏的表情和语言，那么就会使独占、自私的种子得以孕育。反之，如果成人经常注意引导幼儿同众人分享，则幼儿可能形成分享、大方的性格特征。

到了 2 岁左右，随着各种心理过程、心理状态和自我意识的发展，幼儿出现了最初性格的萌芽，也表现出最初性格方面的差异，主要表现在以下几个方面。

（1）合群性。在幼儿与伙伴的关系方面，我们可以看出明显的区别。例如，有的幼儿比较随和，富有同情心，看到小伙伴哭了会主动上前安慰，发生争执时较容易让步；而有一些幼儿存在明显的攻击行为，如在幼儿园，一般每个班里都有几个爱咬人、打人、掐人的幼儿。

（2）独立性。独立性是幼儿期发展较快的一种性格特征，独立性在 2～3 岁时变得明显。独立性强的幼儿可以做很多事情，如有些幼儿在 2 岁多时就可以用筷子吃饭、自己洗手等，而有些同龄幼儿吃饭还得大人追着喂；有些幼儿可以独自睡觉，而有些幼儿离不开妈妈，表现出很强的依赖性。

（3）自制力。到了 3 岁左右，在正确的教育下，有些幼儿已经掌握了初步的行为规范并学会了自我控制，如不随便要东西，不抢别人的玩具，当要求得不到满足时也不会无休止地哭闹。而另一些幼儿则不能控制自己，当要求得不到满足时就以哭闹为手段，要挟父母。

（4）活动性。有的幼儿活泼好动，手脚不停，对任何事物都表现出很强的兴趣，且精力充沛；而有的幼儿则好静，喜欢做安静的游戏，一个人看书或看电视等。

幼儿期性格的差异还表现在坚持性、好奇心及情绪等方面。

（二）幼儿性格的年龄特点

性格的独特性和典型性是辩证统一的。每个幼儿固然有独特的性格，相同年龄的幼儿又有共同的性格。年龄越小，性格的共同性越明显。性格是在生活实践中形成的，年龄越大，人与人之间生活经验的差异越大，由此导致的性格差异也越大。幼儿由于生活时间和生理发育的限制，其生活经历的共同性很多。幼儿期的典型性格也就是幼儿性格的年龄特点。幼儿最突出的性格特点包括以下几个方面。

1. 好动

活泼好动是幼儿的天性，也是幼儿期性格最明显的特征之一。好动的特点和幼儿身体发育的特点有关，活动方式多变是生长发育的需要。一般情况下，幼儿并不因为自己的不断活动而感到疲劳，而往往是由于活动的单调、枯燥而感到厌倦。如果限制幼儿的活动，往往会引起幼儿的不悦。

作家冰心曾说过："淘气的男孩是好的，调皮的女孩是巧的。"幼儿好动的性格特征在幼儿期逐渐和其他品质相结合，会形成良好或不良的性格倾向。

2. 好奇、好问

幼儿的好奇心很强。他们什么都要看一看、摸一摸。由于知识经验非常贫乏，许多事物对幼儿来说都是新奇的，他们对新鲜事物非常感兴趣。他们天真幼稚，毫无顾虑，喜欢提问。幼儿经常要问许多"是什么"和"为什么",总是想试探着去认识世界,弄清究竟。

在好奇心的促使下,幼儿渴望试试自己的力量,会试着去做大人所做的事情。幼儿好奇心强的原因和他们的知识经验贫乏有关,同时事物的变化与其预期有出入也容易引起幼儿的好奇心。幼儿好奇、好问的特征,如果得到正确引导,很容易发展成勤奋好学、进取心强的良好性格特征。反之,如果指责或者约束过多,甚至对幼儿的提问采取冷漠或讥讽的态度,则会扼杀幼儿良好性格特征的幼芽。

3. 易受暗示,模仿性强

幼儿往往没有主见,常常随外界环境影响而改变自己的意见,易受暗示性强。例如,当成人问小班幼儿"好不好"时,幼儿回答"好";接着问"坏不坏"时,他们可能会回答"坏"。当幼儿回答完问题或讲述完事情后,如果成人提出疑问,他们会立即改变原来的意思。

幼儿最喜欢模仿别人的动作和行为。常言道"哪家的孩子像哪家的父母""父行子效",正是说明了幼儿模仿的普遍性。

幼儿好模仿的特点和他们能力的发展有密切的关系,也与他们的易受暗示性有关。因此,我们应培养幼儿的认知分化能力和辨别是非能力,使幼儿形成良好的性格特点和习惯。

4. 好冲动,自制力差

幼儿很容易受外界情境或他人的影响而情绪激动,行为发生变化,或者因自己主观情绪或兴趣的左右而行为冲动。幼儿做事缺乏深思熟虑,表现为喜爱做事,但做事时急于完成任务,常常比较马虎、粗心大意,不大计较成果的质量。幼儿喜欢提问题,但常常从情绪出发,为提问而提问,并非经过认真思考。当然,幼儿也表现出坦率、诚实的性格特征。他们的情绪、思想比较外露,喜怒形于色,对人真诚、不虚伪。幼儿应得到正确引导和培养,养成既善于思考和处理问题,又胸怀坦荡的性格特征。

(三)幼儿良好性格的塑造

学前幼儿的性格已经开始形成,出现了相对的稳定性。性格发展的稳定性与变化主要受环境的影响,由此形成幼儿性格与周围环境的相互循环影响,使幼儿最初形成的性格特征不断得到加强进而逐渐稳固。因此,我们必须重视对幼儿性格的培养。其关键在于努力创造良好的环境、教育条件,以积极、恰当的方式要求、对待幼儿;以合适的方式加强对幼儿的思想品德教育;树立良好的榜样;进行个别指导,因材施教;重视家庭的因素,发挥家长的作用;等等。这些方式可以促进幼儿积极性格特征的形成,并改变其已经显露的消极性格特征。

三、幼儿能力的发展与培养策略

随着心理的发展,幼儿逐渐形成其能力,并表现出个体差异。

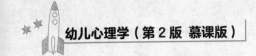

（一）幼儿能力的结构

能力具有复杂的结构。不同年龄段的人，其能力的构成是不同的。学前幼儿的能力主要由以下 3 个方面构成。

1. 运动能力

人从出生时起就有运动能力，之后随着生理的不断发育，在环境的作用下，运动能力也不断发展。2～3 个月大的婴儿会抬头，4～5 个月大的婴儿会翻身，6 个月左右的婴儿开始学坐。特别是 6 个月以后，婴儿的运动能力发展更明显，逐渐学会独坐、爬、站、走。进入幼儿期，幼儿的运动能力进一步发展，掌握了基本的走、跑、跳、攀、钻、爬、踢、跨等，并能灵活组合运用，动作越来越复杂化。在日常的游戏和运动中，幼儿已表现出较强的运动能力。

2. 操作能力

操作能力特指手操作物体的能力。幼儿的操作能力在其整个能力发展中具有特别重要的作用。

幼儿从 1.5 岁左右开始学习操作、使用物体，会拿着物体做各种动作，会把物体当工具来使用，如端碗喝水，用小手帕包娃娃。2 岁以后，幼儿学习自己穿脱衣服、拿小毛巾洗脸、用笔画画等。3 岁以后，幼儿更积极地运用多种物体进行操作活动，游戏内容日益丰富。幼儿在操作物体的活动中，对事物的知识经验不断丰富，认识能力不断增强，逐渐认识了事物的属性、特点和功用，以及各事物之间的关系与规律性联系，发展起了分析、综合、概括、判断和解决问题的能力。

3. 智力

智力是能力的一种。所谓聪明或愚笨，就是指智力的高低。智力一般指认识能力，包括注意力、感觉能力、观察力、记忆力、想象力、言语能力、思维能力和初步的创造力等。智力是幼儿认识世界能力的综合体现，是幼儿完成各种活动的最基本的心理条件，是能力中非常重要的组成部分，在幼儿的心理活动中占有重要的地位。

（二）幼儿智力的发展趋势

人生头几年是智力发展非常迅速，甚至是最迅速的时期，由此形成先快后慢上升的智力发展曲线。布卢姆搜集了多种对幼儿智力发展的纵向追踪材料和系统测验的数据，经过分析和总结，发现幼儿智力发展有一定的规律。各种测验的时间和条件虽然不同，其所得曲线却非常相似，经过统计处理，他得出了一条幼儿智力发展的理论曲线。出生后头 4 年人的智力发展最快，之后速度变慢。

布卢姆以 17 岁为发展的最高点，假定此时的智力为 100%，得出关键年龄智力发展的百分比：1 岁是 20%，4 岁是 50%，8 岁是 80%，13 岁是 92%，17 岁是 100%。上述数字说明，出生后头 4 年人的智力发展最快，已经发展了 50%；4～8 岁，即出生后的第二个 4 年，发展了 30%，其速度比头 4 年明显减慢，以后速度更慢。

布卢姆用数量化方法说明幼儿智力发展的速度和重要性，他的理论常常被引用。但是应该指出：第一，布卢姆所提曲线只是假设的、理论的曲线；第二，智力数量化只在一定程度上有参考价值，不能绝对化；第三，布卢姆的曲线没有充分估计环境对智力的影响，夸大了智力发展的稳定性，这也是他被指责之处。总之，布卢姆的智力发展曲线是可做参考的，但不可加以夸大。

（三）幼儿能力发展的差异

幼儿在能力发展和表现上存在个别与群体差异。

（1）能力类型的差异。人通过运用各种能力与客观环境建立联系，而每个人在运用能力时有各自的特点。在日常观察中就可以发现：有的幼儿记忆能力较强，很长的儿歌、快板词等很快就能记住；有的幼儿理解能力较好，对故事的内容、计算方法等很容易理解。教师在教育教学活动中要注意观察每个幼儿的特殊能力倾向，并给予适当的激发和关怀。

（2）能力发展水平的差异。幼儿在能力发展水平上也存在不均衡现象。绝大多数幼儿的能力发展正常，但有少部分幼儿的能力水平高于常态，也有少部分幼儿的能力水平低于常态。这种能力发展水平符合统计学上的正态分布。它的分布特点为，处在中间位置即中等水平的人数居多，处在极高或极低这两个极端水平上的人数较少。

这种能力分布现象给予我们的启示是：一是要把教育的着眼点放在属于中间能力水平的大多数人身上，适应他们的特点并施加教育影响；二是要有效地分辨出能力的高、中、低分布，因材施教。对处于两个极端的幼儿，教师需要给予特殊的教育、咨询。

（3）能力发展早晚的差异。能力发展水平超群的幼儿虽然是少数，但他们却时常因为在很小的时候就显示出卓越的才能而受到人们的关注并被着力加以特殊培养。据统计，最早显现音乐才能的年龄阶段中，学前期占比较高，如表 11-1 所示。

表 11-1　最早显现音乐才能的年龄阶段

性别	3 岁前	3~5 岁	6~8 岁	9~11 岁	12~14 岁	15~17 岁	17 岁后
男	22.4%	27.3%	19.5%	16.5%	10.7%	2.4%	1.2%
女	31.5%	21.8%	19.1%	19.6%	6.5%	1%	0.5%

我们应该认识到，具备超常的能力或才能固然需要一定的自然物质前提，但这样的能力更多是在生活环境和实践中形成的。能力超过同龄人的幼儿将来能否成为超常者，不仅取决于其天生因素，还依赖后来的生活条件。早熟（早慧）而长大后未成超常者有之，早期未崭露头角而大器晚成者亦有之，关键在于后期的环境、教育条件是否优良。

▎ **小思考** ▎

有人提出应该区分"早熟"与"天才（超常）"，你赞同吗？

（四）幼儿能力的培养

针对幼儿能力发展的特点，我们可以从以下几个方面对幼儿的能力加以培养。

1. 正确了解幼儿能力发展的水平

在日常生活中，成人和幼儿长期接触，通过日常观察，可以粗略地评定幼儿能力发展的特点和水平。但这种评定是不精确的，容易受评定者主观因素的影响，不能客观反映幼儿能力发展的实际水平。智力发展水平也可通过智力测验获得。目前我国常用的幼儿智力量表有中国比内测验、韦克斯勒幼儿智力量表、格塞尔发展测验等。但是目前智力测验也存在不少问题：一是对如何确切地反映幼儿的智力发展水平还没有统一的标准；二是还没有很完善的、为大家所认可的测验量表，很多测验量表无法排除知识经验、文化背景的影响；三是测验过程中常常会受到一些无关因素的干扰而影响测验结果。因此，我们应正确对待智力测验，不要把智力测验看得太绝对化，应通过多种途径了解幼儿智力发展的水平，并在此基础上促进幼儿能力的发展。

2. 指导幼儿掌握有关的知识技能

能力和知识技能有着密切联系，掌握与能力有关的知识技能，有助于相应能力的发展。例如，指导幼儿掌握丰富的词汇、说话时应该注意的要点以及正确的发音技能，可以促进幼儿语言表达能力的发展。对幼儿来说，知识和智力教育都不可偏废。

3. 激发兴趣

对事物的兴趣直接影响幼儿能否获得锻炼能力的机会。凡是幼儿感兴趣的事物或活动，他们会做出更多的投入，使能力得到更多的锻炼。因此，激发幼儿积极有益的兴趣，有助于发展幼儿的能力。教师要注意利用各种具体的社会实践活动激发幼儿对事物的直接兴趣，借此增强和锻炼幼儿的能力。

4. 注意能力与个性中其他品质的良好配合

能力作为个性的一个组成部分，与个性中的其他品质关系密切。一个在性格上大胆、开朗、勇于探索和不畏困难的人，会比一般人有更多机会去锻炼和发展自己的能力；而这种能力的提高，又会使他的个性更为突出。同时，个性对施展自己的才能起着至关重要的作用。所以，良好的个性对能力的形成和有效表达至关重要，需加以重视。

第三节 幼儿自我意识的发展

一、自我意识概述

自我意识是主观自我对客观自我的认识、评价和调节，具有主观能动性。

（一）自我意识的概念

自我意识是对自己所有身心状况的意识，包括意识到自己的生理状况（身高、体重、神态及健康程度等）、心理特征（需要、兴趣、能力、性格等）以及自己与他人的关系（如自己与周围人的关系、自己在班集体中的地位和作用等）。自我意识就是主观自我对客观自我的认识，它是个性系统中最重要的组成部分，制约着个性的发展。自我意识发展水平越高，个性也就越成熟和稳定。

（二）自我意识的结构

自我意识是特殊的认知过程，是主体对自己的反映过程。认识的客体就是主体自身，"自我"既是反映者，又是被反映者。自我意识具体表现为对自己的认识、态度和行为的调节。

1. 从形式上看，自我意识包括自我认识、自我体验和自我监控 3 个部分

自我认识是自我意识的认知成分，是个体对自己身心特征和活动状态的认知和评价。它包括自我观察、自我分析（自我知觉、自我概念）和自我评价等。其中，自我概念和自我评价是自我认识最主要的方面，可以反映个体自我认识的发展水平，它是在社会生活中通过实践和交往逐渐形成的。

自我体验是自我意识的情感成分，是指个体对自己所持有的一种态度，包括自尊感、自信感、成功感与失败感。其中，自尊感是自我体验的重要体现，也影响到自我认识和自我监控两个方面。

自我监控是自我意识的意志成分，包括自我检查、自我监督和自我控制。

2. 从内容上看，自我意识包括物质自我、心理自我和社会自我

物质自我是指对自己的身体外貌、衣着装束、言行举止以及所有物的认识与评价，也包括自己的家庭环境和家庭成员。

心理自我是指自己的智力、情感与人格特征，以及所持有的价值取向和信仰等。

社会自我是指在人际交往中对自己所承担的角色和权利、义务、责任等，以及自己在群体中的地位、声望和价值的认识和评价。

人们在日常的学习和工作中，在和别人的交往和团体活动中，由于意识到自己在别人心目中的位置和在集体中的地位、作用，意识到自己负有某种责任或义务，从而自觉地调节情绪、态度和行为，促进自我教育和自我完善，进而使自己的个性获得健康发展。

二、幼儿自我意识的发展与培养策略

对于幼儿自我意识的培养，要建立在充分认识其发展规律的基础之上。

（一）幼儿自我概念的发展

自我意识不是生来就有的，它有一个逐渐发生、发展的过程。自我意识的最初发生是在婴儿期，以幼儿动作的发展为前提。通过动作，1 岁左右的幼儿开始把自己的动作和动作的对象区分开来，开始知道自己和物体的关系，认识自己的存在和力量，产生自信心。自我意识的真正出现是和言语的发展相联系的，2～3 岁的时候，掌握人称代词"我"是幼儿自我意识萌芽的最重要的标志。人的自我意识的发展主要体现在以下 3 个时期：自我中心期，即生理自我时期，从 8 个月至 3 岁左右；客观化时期，即社会自我时期，从 3 岁左右至青春期，这是社会自我观念形成的关键时期；主观化时期，即心理自我时期，从青春期至成人。

（二）幼儿自我评价的发展

自我评价是自我意识的一种表现，是一个人对自己的评价。

1. 幼儿自我评价的特点

（1）依从性和被动性。幼儿由于认知水平的限制，加之对成人权威的尊重与服从，往往把成人对自己的评价当作自我评价，所以他们的自我评价基本上是成人对他们的评价的简单重复。这种评价不是出于自发的需要，而是成人的要求。

（2）表面性和局部性。幼儿的自我评价都集中在自我的外部行为表现上，他们还不会评价自己的内心活动和个性品质。与表面性相联系的是幼儿只会对某个具体行为做出评价。例如，当问幼儿他为什么是好孩子时，他只会说"我不骂人""我会自己穿衣服"等。

（3）情绪性和不确定性。幼儿的自我评价往往带有主观情绪性，对权威（如父母、教师）的评价及对自己的评价（与同伴相比时）总是偏高。加之评价的依从性和被动性，幼儿的自我评价很不稳定。

随着年龄的增长、自我实践经验的积累，以及与同伴、成人的相互作用，幼儿的自我评价逐渐提高，变得较为独立、客观、多面和深入。

2. 提高幼儿自我评价能力的策略

（1）成人对幼儿的评价要实事求是，恰如其分。成人要让每个幼儿都意识到自己既有优点，也有缺点，同时还要对幼儿的自我评价进行及时的引导和调控。尤其是对自我评价过高或过低的幼儿，成人要采取切实措施，让前者看到自己尚有不足之处，让后者看到自己还有某些优势，使他们对自己的评价变得比较客观、全面，从而在各自的起点上都能得到提高和发展。

（2）通过交往活动提高幼儿的自我评价能力。幼儿的自我评价是在与人的交往活动中形成与校正的。交往活动是自我认知、自我评价产生和发展的基础。成人可以改善幼儿的交往环境，经常带幼儿到大自然中去，到社会中去；增加幼儿与他人的交往频率，提高交往质量；开展丰富多样的游戏活动，让幼儿积累交往经验，使之理解是非善恶，养成团结合作、关心爱护、助人为乐等个性品质。

（3）加强幼儿交往中的个别指导。成人应对自我评价过高和过低的幼儿进行个别指导。自我评价过高的幼儿普遍具有难与人交往的特征。他们自认为处处都比其他人强，与别人相处总想占上风，因而普遍不受同伴欢迎。成人应有针对性地指导自我评价过高的幼儿参加一些活动，通过活动让他们切切实实地认识到自己的不足，从而消除优越感和激情情绪，逐步使自身行为变得正常。自我评价过低的幼儿，其特点是倾向于不与人交往。他们通常看不到自己的力量，对交往上的成功缺乏信心，常有退缩的行为表现。自我评价过低的幼儿往往有着多次遭受失败的经历。对自我评价过低的幼儿，要给予特别的关心，时时注意保护他们的自尊心，让他们认识到自己的长处、短处及努力的方向，从点滴小事中培养他们的自信心，鼓励他们大胆与别人交往，并在交往技能上给予具体的指导，促进他们积极自我意识的发展。

（三）幼儿自我监控的发展

自我意识的发展必须体现在自我调节或监督上，因为个性发展的核心问题是自觉掌握自己的心理和行为。自我调节包括许多方面，如启动或制止活动，动作的协调，动机的协调，活动的加强或削弱，心理过程的加速或减速，积极性的加强或减缓，行为举止的自我监督和校正等。

幼儿的自我调节能力是逐渐产生和发展的，表现为幼儿开始时完全不能自觉调控自己的心理与行为，心理活动在很大程度上受外界刺激与情境特点的直接制约；后来随着生理的发育成熟，在环境的教育作用下，幼儿逐渐能够按照成人的指示、要求调节自己的行为。

总体来说，幼儿自我意识的发展，表现在能够意识到自己的外部行为和内心活动，并且能够恰当地评价和支配自己的认识活动、情感态度和动作行为，由此逐渐形成自我满足、自尊心、自信心等性格特征。

本章思考与实训

一、思考题

（一）单项选择题

1. 幼儿意识到自己和他人一样都有情感、动机、想法，这反映了幼儿的（　　）。

　　A. 情感发展　　　　B. 社会认知　　　　C. 感觉发展　　　　D. 个性发展

2. 自我意识的发展是以幼儿（　　）的发展为前提的。

　　A. 语言　　　　　　B. 言语　　　　　　C. 动作　　　　　　D. 习惯

3. 幼儿自我意识萌芽的最重要的标志是（　　　）。

　　A. 掌握人称代词"我"　　　　　　　　B. 掌握人称代词"你"

　　C. 掌握人称代词"他"　　　　　　　　D. 分清自己及他人

4. 神经活动类型是（　　　）的基础。

　　A. 能力　　　　　　B. 性格　　　　　　C. 兴趣　　　　　　D. 气质

5. 幼儿气质的发展特点有（　　　）。

　　A. 稳定性和易变性　　　　　　　　　　B. 稳定性和可塑性

　　C. 可塑性和易变性　　　　　　　　　　D. 可塑性和长期性

6. 巴甫洛夫认为神经类型为强、平衡和灵活的人所对应的气质类型是（　　　）。

　　A. 多血质　　　　　B. 黏液质　　　　　C. 胆汁质　　　　　D. 抑郁质

7. 心理表现为敏感、畏缩和孤僻的人所对应的气质类型是（　　　）。

　　A. 多血质　　　　　B. 黏液质　　　　　C. 胆汁质　　　　　D. 抑郁质

8. 下列说法正确的是（　　　）。

　　A. 多血质优于黏液质　　　　　　　　　B. 性格是先天决定的

　　C. 每种气质类型都有积极和消极方面　　D. 幼儿的气质不会发生任何变化

（二）问答题

1. 简述幼儿自我评价的特点。

2. 理论联系实际，阐述如何在一日生活中培养幼儿的能力。

二、案例分析

　　幼儿园小班在上计算课，教学内容是手口一致地点数"2"。老师讲完之后，带领小朋友一起练习。老师问一个小朋友："你长了几只眼睛？"小朋友回答说："长了3只。"年轻的老师一时感到生气，就说："长了4只呢。"小朋友赶快说："长了4只。"老师说："长了5只。"小朋友又说："长了5只。"老师气得一跺脚，大声说："长了8只。"小朋友也猛地跺了一下脚，说："长了8只。"老师忍不住笑了起来，小朋友还以为自己答对了，也咧开嘴天真地笑了起来。

　　问：上述事例说明了幼儿性格的什么特点？幼儿性格表现出哪些年龄特点？

三、章节实训

1. 实训要求

结合到幼儿园见习的机会，观察并做分类记录：

（1）记录活动时要分别注明其适用于哪个年龄班的幼儿。

（2）记录活动时写清楚哪些游戏活动可使幼儿的自我评价能力得到锻炼和培养。

（3）至少观察3个游戏项目。

2. 实训过程

（1）6人组成一个小组。

（2）分工合作，设计一个观察表格。

（3）根据设计的观察表格进行观察并做好记录。

3. 样表

观察者：

游戏名称	基本描述与记录	培养策略	年龄班

第十二章

关于幼儿心理发展的几种主要理论观点

【本章学习要点】

1. 了解关于幼儿心理发展的几种主要学说。
2. 掌握各理论的主要观点。

【引入案例】

幼儿心理学是研究幼儿心理发生、发展的一门学科。幼儿怎么知道这是妈妈而不是爸爸，怎么学会沟通，怎么懂得计算……这些都是幼儿心理学试图说明的基本问题。幼儿心理学家在这方面创立了许多不同的学说，形成了不同的流派，试图从各个不同角度说明幼儿心理的发生、发展机制。

问题：你知道哪些关于幼儿心理学发展的理论观点？

第一节 成熟学说

格塞尔的成熟学说对幼儿成熟的本质，以及影响成熟的主要因素进行了非常详细而全面的分析。格塞尔的成熟学说建立在科学的心理学实验基础之上，在教育实践中具有较强的指导意义。

一、理论的基本思想

格塞尔对幼儿的身心发展从成熟的视角进行了分析，其理论具有很强的现实指导意义，为防止揠苗助长及幼儿园小学化等问题提供了理论依据。

（一）发展的本质

格塞尔认为个体的生理和心理发展，都是按基因规定的顺序有规则、有秩序地进行的。他将发展看成一个顺序模式的过程，这个模式是由机体成熟预先决定和表现的。而成熟则是通过基因来指导发展的机制，即一个由遗传因素控制的过程，通过从一种发展水平向另一种发展水平突然转变而实现。

在成熟学说看来，发展的本质是结构性的，只有结构的变化才是行为发展变化的基础。生理结构的变化按生物的生长规律逐步成熟，而心理结构的变化表现为心理形态的演变，其外显的特征是行为差异，而内在的机制仍是生物因素的控制。格塞尔强调基因决定的时间表，

强调成熟的顺序，因此，年龄，尤其是分界年龄是幼儿发展的时间指标。

（二）影响发展的因素

格塞尔认为支配幼儿心理发展的因素有两个：成熟和学习。成熟是由一个内部因素控制的过程，它的基本方面不可能受到像教育这样一些外部因素的影响。成熟是发展的重要条件，决定机体发展的方向和模式，因此成熟是推动幼儿发展的主要动力。而学习并不是发展的主要原因，因为引起变化的原因是成熟的顺序或机体的机制所固有的，学习只是给发展提供适当的时机而已。格塞尔的这种观点主要来源于其著名的双生子爬楼梯实验。他由这个实验得出结论：幼儿的学习取决于生理的成熟，没有足够的成熟就没有真正的发展，而学习只是对发展起一种促进作用。格塞尔认为，幼儿在成熟之前，处于学习的准备状态。所谓准备，就是由不成熟到成熟的生理机制的变化过程，只要准备好了，学习就会发生。所以，发展的过程不可能通过环境的变化而改变。

（三）行为周期

格塞尔发现，在发展过程中，幼儿表现出了极强的自我调节能力。当幼儿突然向前进入新领域后，又会适度退却，以巩固取得的进步，然后再往前进。所以在幼儿的成长过程中便形成了发展质量较高的年头与较低的年头有序交替的现象，格塞尔称其为"行为周期"。第一周期：2～5岁。第二周期：5～10岁。第三周期：10～16岁。每一周期内都有平衡与不平衡相互交替的同样程序。对教师和父母来说，当幼儿处于发展质量较高的阶段时，应该更严格地要求他们；当幼儿处于发展质量较低的阶段时，应该现实地看待他们，等待和帮助他们度过这一阶段，避免因粗暴和急躁而伤害他们。

二、观点评价

格塞尔的成熟学说在实验的基础上，为研究幼儿的发展提供了非常宝贵的材料，其全新的视角和育儿观念为科学育儿提供了理论依据。

（一）提出了成熟机制对于发展的重要性

格塞尔将成熟概念用于自己的理论中，使心理过程中的生物因素变得更为确切和具体。格塞尔的理论证明，在任何行为后面都潜藏着它自身的生物学基础，成熟机制在复杂的发展程序和自我调节的过程中有着重要作用。成熟决定了心理与行为的发展，尽管幼儿行为的习得离不开学习、教育和社会影响等环境因素，但脱离成熟而侈谈教育是不妥的。

（二）为研究幼儿的发展提供了宝贵的资料

格塞尔经过几十年的研究，收集整理了数以万计幼儿的发展行为模式，总结出每一个特定年龄行为发展的平均水平，于 1940 年编制了格塞尔发育量表（年龄常模）。通过与行为发育的年龄常模相比较，人们即可判断不同幼儿的心智发展水平。该量表为智力落后幼儿的早期诊断提供了依据，在临床实践中广泛运用。这是当时规模最大、资料最翔实、影响最深远的测量工具。通过格塞尔的工作，人们才真正看到了对婴儿进行研究的必要性和对婴儿进行测验的可行性。

（三）提供了一系列育儿观念

格塞尔提供的一系列育儿观念把他的学说从幼儿心理的范畴延伸到养育和教育的范畴，扩大了其学说的应用价值和社会价值。格塞尔认为，父母和从事幼儿教育工作的人都应当了解幼儿成长规律，根据幼儿的成长规律去养育他们。具体而言，每一个教师都应当把自己的工作与幼儿的准备状态和特殊能力结合起来；每一个家长都应当与幼儿一起成长，一起体验每一个阶段的乐趣和烦恼。如果成人以一种急功近利的方式教导幼儿，往往会导致幼儿成年以后的失落，甚至引起一系列的问题。如果对幼儿的教导方式再不加以重视，这些个人的心理问题将不可避免地演变为社会问题。

第二节　精神分析学说

一、弗洛伊德的精神分析理论

弗洛伊德是奥地利著名的精神病学家，精神分析学说的创始人。他出生于摩拉维亚的一个犹太商人家庭，1860 年随家庭迁居奥地利维也纳。1881 年，弗洛伊德获医学博士学位。1895 年，他和布洛伊尔合著的《癔症研究》一书的出版，标志着精神分析学派的诞生。

（一）人格结构的 3 个层次

弗洛伊德将人格划分为本我（id）、自我（ego）、超我（superego）（见图 12-1）。本我由原始的本能能量组成，完全处于潜意识之中，包括人类本能的性的内驱力和被压抑的习惯倾向。本我遵循着"快乐原则"，寻求满足基本的生物要求。自我是本我和外部世界之间的中介。自我是理智的，其活动遵循"现实原则"，调节外界与本我的关系，使本我适应外界要求。自我是人格的实际执行者。超我由自我分化而来，是理想化的自我，遵循着"道德原则"。超我大部分属于人格的潜意识部分，它像一个道德监督者，告诉人什么是道德的，什么是不道德的。

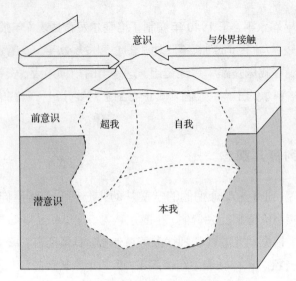

图 12-1　弗洛伊德的人格结构示意图

（二）人格发展阶段

弗洛伊德将人格发展划分为 5 个阶段：口唇期（0～1 岁）、肛门期（1～3 岁）、性器期（3～6 岁）、潜伏期（6 岁～青春期）、生殖期（青春期到成人晚期）。

（1）口唇期。口唇期又分为初期和晚期。在口唇初期（出生至 8 个月），快感主要来自嘴唇和舌的吸吮与吞咽活动。在口唇晚期（8 个月至 1 岁），此时婴儿长了牙齿，快感主要来自撕咬和吞咽等活动。

（2）肛门期。此时幼儿的力比多集中到肛门区域，排泄时产生的轻松与快感，使幼儿体验到了操纵与控制的作用。这一阶段是训练幼儿排泄的时期，但父母不要训练过早和过严。

（3）性器期。幼儿开始关注身体的性别差异，开始对生殖器感兴趣。这一阶段幼儿出现了弗洛伊德所说的恋母情结或恋父情结，即男孩对母亲较亲近，女孩跟父亲较亲密，企图排斥母亲。

（4）潜伏期。这个阶段，一方面由于超我的发展，另一方面由于活动范围的扩大，幼儿的性欲被移置为替代性的活动，如学习和体育等。孩子逐渐放弃了恋父或恋母情结，男孩和女孩开始各自以同性父母为榜样来行事。

（5）生殖期。幼儿进入青春期后，生理上出现第二性征，心理上开始对异性感兴趣。他们关注自身形象，注重外貌、服饰、表现等。在本阶段，青少年努力摆脱成人的束缚，想要建立自己的生活，不免与成人产生摩擦。

（三）评价

首先，弗洛伊德的精神分析理论开拓了心理学的研究范围。在弗洛伊德以前，心理学的研究从未涉及潜意识领域。虽然潜意识这个概念并不是弗洛伊德最先提出的，但是他大胆地将其引入心理学，将其作为心理学的研究对象，并赋予它新的意义，激发和推动了对动机、幼儿性欲、梦的一系列研究。

其次，弗洛伊德的理论第一次强调早年经验对个体毕生发展的重要作用，使得幼儿发展中的家庭关系的重要性得以凸显。弗洛伊德认为，生命的最初几年是人格形成的最重要的时期，人的常态行为和变态行为都可以从其早期经验中找到依据。

然而，弗洛伊德的理论由于以下几个原因而遭到批评。第一，他过分强调了性在人的发展中的作用，忽略了社会、文化、意识、教育对人的重大作用，以及遗传因素和社会生活条件对人格的影响。第二，弗洛伊德的理论是建立在成人性压抑问题的基础之上的，它的形成有其特殊的时代背景。因此，该理论的应用范围十分有限。

二、荣格的分析心理学

荣格是瑞士著名的心理学家和精神分析学家，分析心理学的创始人。荣格创造性的思想其实早在他遇见弗洛伊德以前就已经萌芽。1902 年，他的博士论文《论所谓神秘现象的心理学和病理学》就反映了他的学术兴趣和对心理现象不同于弗洛伊德的理解力。

（一）人格结构理论

荣格把整个人格叫作"心灵"。他认为，心灵包含一切意识和潜意识的思想、情感和行为，它由意识、个体潜意识和集体潜意识 3 个部分组成。

意识是人的心灵中唯一能够被个体直接感知到的部分。自我是意识的核心，它由各种感知觉、记忆、思维和情感组成。意识和自我是一致的，都是为了使人格结构保持同一性和连续性。同时，意识也在不断发展，重新塑造和完善新的自我，他把这一过程叫作个性化。

个体潜意识是靠近意识的心灵，处于"潜意识的表层，它包含了一切被遗忘了的记忆、知觉以及被压抑的经验"。个体潜意识是发生于个体身上的个体经验，它的内容是情结，即潜意识中的情感观念丛。个体人格大多是由其所具有的各种内容、强调、来源等不同的情结所决定的。

集体潜意识位于心灵的最深层。荣格常把它和原型、原始意向、本能等概念混用。它一般是指人类祖先经验的积淀，是人类做出特定反应的先天遗传倾向；它在每一个世纪只增加极少的变异，是个体始终意识不到的心理内容。

（二）心理类型学

荣格在 1913 年的慕尼黑国际精神分析大会上首次提出内倾和外倾人格。1921 年，他在《心理类型学》一书中阐述了完整的心理类型学说。

首先，荣格把人的态度分为内倾和外倾两种类型。内倾型人的心理能量指向内部，易产生内心体验和幻想，这类人远离外部世界，对事物的本质和活动的结果感兴趣。外倾型人的心理能量指向外部，易倾向客观事物，这类人喜欢社交，对外部世界的各种具体事物感兴趣。

其次，荣格认为有4种功能类型，即感觉、情感、思维和直觉。感觉是指用感官觉察事物是否存在；情感是对事物的好恶倾向；思维是对事物是什么做出判断和推理；直觉是对事物的变化发展的预感，无须解释和推论。荣格认为人们在思维和情感中要运用理性判断，所以它们属于理性功能；而在感觉和直觉中没有运用理性判断，所以它们属于非理性功能。

第三节　行为主义学说

一、华生的环境决定论

华生生于美国南卡罗来纳州格林维尔的一个农场。他先在芝加哥大学学习哲学，后转攻动物心理学，并于1903年获得哲学博士学位。1913年，华生发表了《行为主义者眼中的心理学》一文，宣告行为主义心理学的诞生。

行为主义学说认为，人的一切行为都是由环境中的刺激引起的反应。人类的行为来自学习，而学习的决定因素是外部刺激，外部刺激是可以控制的，因此，人的行为也是可以控制的。他认为幼儿是被动的个体，其成长决定于所处的环境。幼儿成长为什么样的人，教育者负有很大的责任。华生曾说："给我一打健全的婴儿和我可用以培养他们的特殊环境，我就可以保证随机选出任何一个，不论他的才能、倾向、本领和他父母的职业及种族如何，我都可以把他训练成我所选定的任何类型的特殊人物：医生、律师、艺术家、大商人，甚至乞丐、小偷！不过，请注意，当我从事这一实验时，我要亲自决定这些孩子的培养方法和环境。"

华生认为，人的行为无论多么复杂，都不过是一系列对特定刺激的反应。为了证实幼儿的行为是在环境刺激中学习而得的这一观点，华生做过这样的实验：他以一个11个月大的小孩为被试，看能否通过条件作用让他对小白鼠产生恐惧。实验之初，小孩对小白鼠并不感到害怕，但经过条件作用后，小孩发生了很大的变化。实验过程如下。在小白鼠出现在小孩面前的同时，在小孩的背后用力击打一个物体发出巨响，引起小孩的惊吓反应。反复几次后，当只有小白鼠出现时，小孩也表现出害怕、逃避的反应。几日后，小孩对所有带毛的物体，如狗、皮毛大衣等都感到害怕。这个实验证明，幼儿的行为既在环境中习得，也可以在环境中改变，环境决定着幼儿的行为。

二、斯金纳的操作主义说

斯金纳生于美国宾夕法尼亚州一个小镇的律师家庭。1931 年，他获得博士学位，在哈佛大学研究院任研究员。在那里，他系统地阐明了他的学习理论。20 世纪 50 年代前后，他开始尝试把研究结论及行为主义的哲学观点应用于人类生活的各个方面，在程序教学、行为矫治等方面取得了瞩目的成就。

（一）强化理论

斯金纳认为，任何学习（行为）的发生、变化都是强化的结果，因而可以通过控制强化物来控制行为。强化作用是塑造行为的基础。其强化理论可高度概括为：有机体行为的结果（刺激）提高了该行为以后发生的概率。

强化分为正强化和负强化。所谓正强化，是由于一个刺激的加入而增强了一个操作性行为发生的概率作用。所谓负强化，是由于几个刺激的排除而增强了某一操作性行为发生的概率作用。无论是正强化还是负强化，其结果都是增强反应的概率作用。在实际的教育中，常常运用多种强化的方式。在斯金纳看来，只要了解强化效应和运用好强化技术，就能控制行为反应，塑造出一个教育者所期望的幼儿的行为。

（二）评价

斯金纳的行为发展观将幼儿心理的发展归因于外部的强化，忽视了幼儿自身的内在发展规律，给人的印象是只要环境加以改变，幼儿就可以相应地得到发展。显然，这是有局限的。幼儿自身的发展有其独有的规律，环境的外部强化只能够起到某种促进的作用，这是不能否认的。斯金纳的行为发展观在行为矫正和教学实践中产生了巨大的积极影响。成人对幼儿的良好行为的及时强化、对不良行为的淡然处之，以及在程序教学过程中的小步子信息呈现、及时反馈与主动参与等，至今仍然是强化与影响个体行为发展的有效措施。事实上，斯金纳的努力使人们对行为的认识更接近现实。因此，斯金纳的理论无论是在理论上还是在实践上，都有重要的借鉴意义。

第四节　认知发展学说

瑞士心理学家皮亚杰毕生研究幼儿认知的发展，创立了著名的幼儿认知发展理论——发生认识论，这是 20 世纪发展理论的顶峰，对认识论、心理学、教育学等有深远的影响。

一、幼儿认知发展的因素

皮亚杰认为，成熟、经验、社会环境和平衡是影响幼儿认知的重要因素。

（一）成熟

成熟主要指大脑和神经系统的发育程度。皮亚杰认为，成熟在幼儿日益增长的理解他们周遭世界的能力上有重要作用。但幼儿能否承担某些任务，还要看他们在心理上是否也成熟到足以负担。

（二）经验

在环境中获得的经验是心理发展的又一重要影响因素，因为新的认知结构就是在与环境的交互中形成的。皮亚杰把经验分为具体经验（物理经验）和抽象经验（逻辑数学经验）。幼儿直接面对实际存在的物品，从而获得具体经验。皮亚杰认为，具体经验是思维发展的基础。具体经验是重要的，但不能决定心理的发展。

（三）社会环境

幼儿不仅需要从环境中获取经验，还需要进行社会交往。社会生活、文化教育等同样会加速或阻碍幼儿的认知发展，关键在于给予幼儿检验和讨论他们的信仰和观念的机会。教育者不但要帮助幼儿获得具体经验和抽象经验，还要向幼儿灌输社会规则和社会价值观，为幼儿创造社会交往的条件。

（四）平衡

平衡是主体对外界刺激所进行的积极的反应的集合。皮亚杰认为平衡是发展的基本因素，它甚至是协调其他3种因素的必要因素。

二、认知发展阶段

皮亚杰把从婴儿到少年的认知发展区分为感知运动阶段、前运算阶段、具体运算阶段和形式运算阶段（见表12-1）。

（1）感知运动阶段（0～2岁）。在这一阶段，婴幼儿通过一系列先天性条件反射，如摇头、摆手、抓握等这类极简单的动作，发展了感知运动图式，逐渐地把自己和环境区分开来，形成了对客体的最初反映和表象记忆。感知图式的发展为以后的认知发展奠定了基础。

（2）前运算阶段（2～7岁）。这一阶段的幼儿已经掌握了口头言语，但他们使用的语词或其他符号还不能代表抽象的概念，他们的思维仍受具体直觉表象的束缚。其思维主要有3个特点。一是相对具体性，幼儿开始依靠表象思维，但是还不能进行运算思维。二是不可逆性，突出表现为缺乏概念守恒结构，如液体守恒、数量守恒、面积守恒等。例如，问一名4岁的幼儿："你有兄弟吗？"他回答："有。""兄弟叫什么名字？"他回答："吉姆。"但反过来问："吉姆有兄弟吗？"他则会回答："没有。"三是自我中心性，具体表现为自我中心思维，幼儿只能站在自己的经验中心来理解事物、认识事物。

（3）具体运算阶段（7～11岁）。这一阶段的儿童虽缺乏抽象逻辑思维能力，但他们能够凭借具体形象的支持进行逻辑推理。这个阶段出现的标志是守恒性和可逆性概念的形成。守恒是指幼儿认识到客体在外形上发生了变化，但其特有的属性不变。此时他们的思维具有可逆性。

（4）形式运算阶段（11～15岁）。这一阶段的儿童不仅能认识真实的客体，而且也能考虑非真实的、可能出现的事件。此时的幼儿能够进行假设——演绎思维，即不仅从逻辑考虑现实的情境，而且考虑可能的情境（假设的情境），也能运用符号进行抽象思维，同时还能进行系统思维。他们在解决问题时，能够脱离具体事物进行抽象概括，达到认知发展的最高阶段。

表 12-1　认知发展的阶段

阶段	年龄	特征
感知运动阶段	0～2岁	智力表现为运动神经的活动，即对可看见、可触摸、可感觉的事物的探索
前运算阶段	2～7岁	能使用符号，语言的运用日趋成熟，记忆和想象蓬勃发展。思维方式以自我中心为主，不合逻辑
具体运算阶段	7～11岁	自我中心式的思维方式逐渐减少，开始用数字、空间、类别、规则重新构建世界。针对具体物体可以进行逻辑推理
形式运算阶段	11～15岁	思维逐步抽象化。能合乎逻辑地使用与抽象概念相关的符号，能进行假设、归纳、推理，并形成观点

需要注意的是：第一，表12-1是对人类认知发展过程的过度单纯化表示，表中的年龄也只是近似值；第二，发展是一个渐进的过程，幼儿并不是在某一时刻忽然就从前一阶段跃入下一阶段；第三，每一阶段都在为下一阶段做准备，上一阶段中包含着下一阶段的萌芽，但是两个阶段的思维模式有质的区别；第四，由于幼儿所在的环境、接受的教育的不同，以及个体差异，发展阶段可能提前或滞后，但是发展阶段的顺序不会改变。

皮亚杰的心理学理论不但为思维心理学提供了一整套独特的理论，而且在教育实践上也具有重大意义。首先，他提出了一套完整的富有辩证法思想的发展理论，虽然这个

理论在本质上是属于唯心主义范畴的。其次，他通过大量的观察、谈话、实验，研究了人从出生到青年初期（15 岁左右）思维发展的路线。他把认知发展分为 4 个阶段，用实际的、生动的研究资料来表明幼儿思维从无到有、从低到高的发展过程，并对这些事实材料做了有说服力的理论概括。特别是皮亚杰采用数理逻辑（符号逻辑）作为刻画幼儿逻辑思维发展的工具，这在思维心理学领域是富有开创性的工作，在理论和实践中都有着巨大的意义。

当然，皮亚杰的理论仍有一定不足。例如，他的理论有把人的本质生物学化的倾向，理论中的一些概念过于抽象，还有许多幼儿发展中出现的现象用他的理论无法解释，他的哲学观点也存在局限。

第五节　社会学习学说

按照条件作用理论，学习是在个体行为表现的基础上，经由奖励或惩罚等外在控制而产生的，即学习是通过直接经验而获得的。而班杜拉则认为，这种观点对动物学习来说也许成立，但对人类学习而言则未必成立。于是，班杜拉在学习的交互决定论以及大量实验研究的基础上，提出了社会学习的相关理论。

一、三位一体的交互决定论

三位一体的交互决定论是以行为、环境、个体（认知和动机）三者的交互决定论为框架解释人类动机、情绪和行为的起源。在交互决定论中，班杜拉认为行为（B）、个体（P）和环境（E）三者作为相互决定的因素，共同起作用。它们三者之间互为因果，组成相互作用的系统，并可导致一果多因或一因多果。

二、替代强化

班杜拉认为，在观察学习的过程中没有强化，学习者也能从各种示范行为中获得有关信息，学会新的行为模式。而强化则决定学习者是否把学会的行为表现出来。学习者如果看到榜样成功的（被奖励的）行为，就会增加产生同样行为的倾向；如果看到榜样失败的（受惩罚的）行为，就会抑制发生这种行为的倾向。因此，对榜样行为的强化，便可替代性地影响学习者的学习。这意味着即使强化没有直接作用于学习者，也能控制学习者的学习。研究表明，替代强化的作用主要表现在以下 4 个方面：一是通过观察他人行为的结果，学习者可以了解行为会受到社会的认可还是反对；二是使学习者容易模仿受到奖赏的行为，抑制受到惩罚的行为；三是看到榜样的行为结果，学习者会产生如果自己这样做也会得到同样强化的心理期待；四是榜样受到奖赏或惩罚而出现的情绪反应，会唤起学习者的情绪反应，并影响其相应行为的表现。

三、观察与模仿

班杜拉认为在社会情境下，人们仅通过观察别人的行为就可迅速地进行学习。当通过观察获得新行为时，学习就带有认知的性质。

班杜拉认为观察学习包括4个部分。①注意过程。如果没有对榜样行为的注意，人们就不可能去模仿他们的行为。能够引起人们注意的榜样常常具有一定的优势，如更有权力、更成功等。②保持过程。人们往往是在观察榜样的行为一段时间后才模仿他们，要想在榜样不再示范时能够重复他们的行为，就必须将榜样的行为记住，因此需要将榜样的行为以符号表征的形式储存在记忆中。③动作再生过程。人们只有将榜样的行为从头脑中的符号形式转换成动作，才表示已模仿行为。要准确地模仿榜样的行为，还需要必要的动作技能，有些复杂的行为，个体如果不具备必要的技能是难以模仿的。④强化和动机过程。班杜拉认为学习和表现是不同的，人们并不是把学到的每件事都表现出来。是否表现出来取决于其对行为结果的预期，预期结果好，人们就会愿意表现出来；如果预期将会受到惩罚，就不会将学习的结果表现出来。

班杜拉的社会学习论，从幼儿个体的行为、认知以及幼儿周围环境所提供的范型之间的相互关系，来强调幼儿心理发展过程中社会环境对幼儿的影响作用。因此，社会、家庭、学校应该创设一个有利于幼儿成长的环境模型，让幼儿在潜移默化中得到良好的发展。

▌知识拓展▐

在一个经典研究中，实验者让4岁幼儿单独观看一部影片。影片中一个成年男子对一个玩具表现出踢、打等攻击行为，影片有3种结尾。实验者将幼儿分为3组，他们分别看到的是结尾不同的影片。奖励攻击组的幼儿看到的是在影片结尾时，进来一个成人对主人公进行表扬和奖励。惩罚攻击组的幼儿看到另一成人对主人公进行责骂。控制组的幼儿看到进来的成人对主人公既没奖励，也没惩罚。看完影片后，实验者将幼儿立即带到一间有与影片中同样的玩具的游戏室里，透过单向镜对幼儿进行观察。结果发现，看到榜样受到惩罚的幼儿表现出的攻击行为明显少于另外两组，而另外两组则没有差别。在实验的第二阶段，实验者让幼儿回到房间，告诉他们如果能将榜样的行为模仿出来，就可得到橘子水和一张精美的图片。结果，3组幼儿（包括惩罚攻击组的幼儿）模仿的内容是一样的。说明替代性惩罚抑制的仅仅是对新反应的表现，而不是获得，即幼儿已学习了攻击的行为，只不过看到榜样受罚，而没有表现出来而已。

一、现代生物学的观点

研究动物在自然环境中的习惯或行为的学科又称行为学。该观点认为行为是一个有组织的系统，其中成熟和经验是融合在一起的。在社会性发展中，有机体成熟引起并保持经验，同时经验的变化又会改变有机体的行为生物状态和生物潜能。对物种不同进化阶段之间的比较，必须依据行为的组织原则。有机体在其整个一生中都具有适应性和主动性。

二、社会生态学的观点

幼儿生态学是近年来刚刚萌芽的一门交叉学科，它借助生态学的基本方法和原理，将幼儿放置于其生存和发展的真实社会环境之中进行研究。该观点认为，幼儿的行为及状态与其背景是一个密不可分的整体，幼儿的发展是"不断成长的有机体与其所处的不断变化着的环境之间的逐步的、相互的适应，这个过程受到情景和情景所涉及的背景之间的各种关系的影响。因此，了解幼儿所处的背景比了解幼儿的各自特征能够更为精确地预测幼儿的行为"。为了获得有关当代幼儿的知识，必须从考察分析他们赖以生存的环境入手，了解其现实的需要和状态。

三、全纳教育的观点

全纳教育是一种新的教育理念和教育过程，它容纳所有学生，反对歧视排斥，促进积极参与，注重集体合作，满足不同需求。全纳教育的提出首先关注的是特殊幼儿的教育。"之所以一提到全纳教育，人们往往就认为是特殊教育的问题，这是因为全纳教育的兴趣与发展确实与特殊教育的发展有很大关系。"21世纪全纳教育的发展对我们的普通教育和特殊教育都带来了巨大的挑战。这种挑战主要是在教育制度、教育实践和教育观念上。全纳教育的发展已经对我们的教育制度产生了巨大影响。国际上，特殊学校在逐渐减少，普通学校要实施全纳教育，提倡接纳所有学生、满足学生不同需求的理念。

本章思考与实训

一、思考题

（一）单项选择题

1. 心理学家格塞尔的双生子爬楼梯实验，说明（　　　）对幼儿学习技能有重要作用。

  A. 遗传因素　　　　B. 教育因素　　　　C. 环境因素　　　　D. 生理成熟

2. 行为主义学派的心理学家有（　　　）。

    A. 华生、斯金纳　　　　　　　　　　　B. 弗洛伊德、华生

    C. 维果茨基、华生　　　　　　　　　　D. 维果茨基、斯金纳

3. 孩子哭闹要买玩具，母亲对其不予理睬，这是（　　　）。

    A. 正强化　　　　　B. 负强化　　　　　C. 惩罚　　　　　D. 消退

4. 斯金纳操作条件反射学说学习理论的核心是（　　　）。

    A. 动机　　　　　B. 练习　　　　　C. 强化　　　　　D. 及时反馈

（二）问答题

1. 简述皮亚杰的认知发展阶段。

2. 简述社会学习学说的主要观点。

二、案例分析

一名实习生在幼儿园进行了一次简单的"幼儿××水平测验"，他设计了两个题目：一是设A大于B大于C，请小朋友说A和C哪一个大；二是小王同学比小李同学高，小李同学比小张同学高，请问小王和小张两位同学谁高。他选用"随机取样"方式在大班使用了题目一，在中班使用了题目二。可出乎意料的是，他发现中班幼儿的思维发展水平高于大班幼儿。他满意地把这个新发现告诉老师，老师说他可能弄错了。

问：这个实习生错了吗？如果他出现了错误，请问原因是什么？

三、章节实训

1. 实训要求

结合到幼儿园见习的机会，观察并做分类记录：根据格塞尔的成熟学说，分析哪些活动可以使幼儿在活动中处于最佳发展状态。

（1）记录活动时要分别注明其适用于哪个年龄班的幼儿。

（2）记录活动时写清楚每个游戏活动中幼儿的投入状态和语言、思维、身体协调性等方面的发展情况。

（3）至少观察3个游戏项目。

2. 实训过程

（1）6人组成一个小组。

（2）分工合作，设计一个观察表格。

（3）根据设计的观察表格进行观察并做好记录。

3. 样表

观察者：

游戏名称	游戏难度与幼儿发展匹配情况描述	解决策略	年龄班

幼儿心理学（第2版 慕课版）

navigation
续表

游戏名称	游戏难度与幼儿发展匹配情况描述	解决策略	年龄班